鳥の足型・足跡ハンドブック

原寸大 318種

小宮輝之・杉田平三 著

文一総合出版

足型・足跡が語る鳥の世界
Understanding the World of Birds through their feet types and footprints

　足型・足跡コレクションをはじめた理由は2つある。第1に野外で見つけた足跡の正体を知りたいという好奇心。もう1つの理由は、野外で拾ったり職場（動物園）で死んだ動物の情報を、少しでも残さねばもったいないと考えたことだ。

　足型を並べて見ると、分類ごとに特徴があることに気づく。その特徴は鳥たちの生態、すなわち生き方を反映したものだ。これまでに代表的な哺乳類の足型を取り上げた図鑑は世に出ているが、鳥類はあまり扱われていない。日本の鳥の足型・足跡を対象とした世界初の図鑑を見て、読んで、楽しんでいただき、自然観察の現場でも役立ててもらえれば幸いである。

鳥の足のつくり
Bird's leg

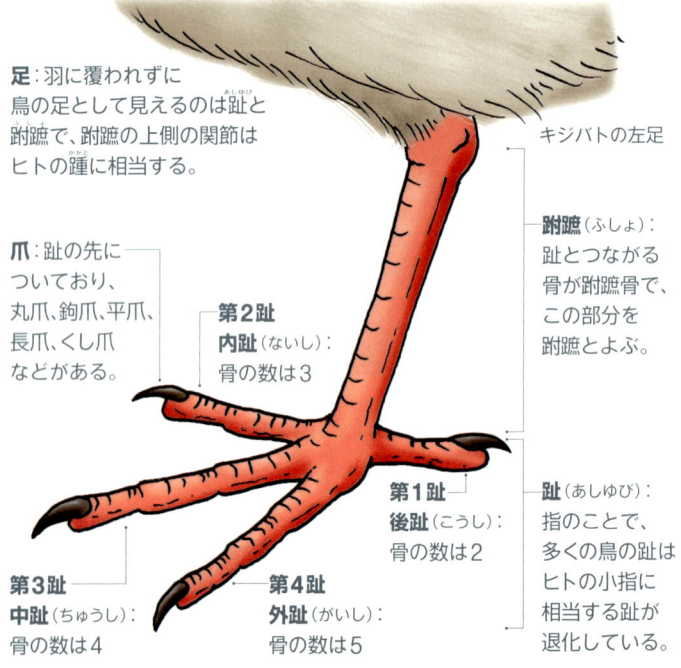

足：羽に覆われずに鳥の足として見えるのは趾と跗蹠で、跗蹠の上側の関節はヒトの踵に相当する。

キジバトの左足

跗蹠（ふしょ）：趾とつながる骨が跗蹠骨で、この部分を跗蹠とよぶ。

爪：趾の先についており、丸爪、鉤爪、平爪、長爪、くし爪などがある。

第2趾 内趾（ないし）：骨の数は3

第1趾 後趾（こうし）：骨の数は2

趾（あしゆび）：指のことで、多くの鳥の趾はヒトの小指に相当する趾が退化している。

第3趾 中趾（ちゅうし）：骨の数は4

第4趾 外趾（がいし）：骨の数は5

※趾を構成する骨の数には例外もある。

本書の使い方
How to use this book

この本では、日本で記録のある鳥類のうち、318種の足型・足跡をすべて原寸大で掲載した。特に理由はないが、足型は原則として左足を採っている。右足も見たい方は、左右を逆転したコピーをとってほしい。

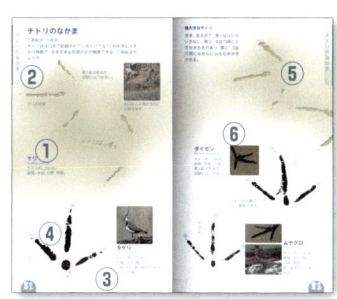

① **和名・学名**：和名は種名で記載したが、比較してほしいものは亜種で表記し、学名も亜種名を記載した。
② **科名**：分類単位は科名を、目の単位は主にページごとに「なかま」などとして記載した。
③ **解説・大きさ・分布・生息環境**：足の観察方法や、足の働きを中心に解説した。
④ **足型**：死体や麻酔をかけた個体、生体の足裏に墨を塗るか、  足裏を黒い事務用スタンプに押しつけて採った。数字は第1～4趾を指す。
⑤ **足跡**：生体の足裏に墨を塗り、トンネル状の通路を歩かせて採った。歩くときに実際に地面につく部分しか採れない点で、鳥によっては足型と異なる。
⑥ **写真**：足の特徴や足裏が写っている写真を中心に掲載した。

用語解説
Glossary

留鳥（りゅうちょう）：一年中見られる鳥。
夏鳥（なつどり）：春から夏にかけて日本で繁殖し、冬に越冬のため南へ渡る鳥。
冬鳥（ふゆどり）：北の地域で繁殖し、秋から冬に越冬のため日本に渡ってくる鳥。
旅鳥（たびどり）：北の地域で繁殖し、東南アジアやオーストラリアで越冬する鳥で、渡り途中の春と秋に日本に立ち寄る鳥。
漂鳥（ひょうちょう）：季節により日本国内を移動する鳥で、春から夏にかけて山地や北国で繁殖し、冬には低地や南の地域に渡る鳥。
迷鳥（めいちょう）：本来の生息地や渡りのコースを外れて日本に渡ってきた鳥。
外来種（がいらいしゅ）：外国や国内の他地域から自然分布していない地域に人為的に導入され定着した種。本書では外国からの外来種の足型も載せた。
晩成性（ばんせいせい）**のヒナ**：カモ類やキジ類のように主に地面に巣をつくり、ヒナは孵るとすぐに歩き、親について巣を離れ育てられる。
早成性（そうせいせい）**のヒナ**：スズメなど小鳥やサギ類のように、ヒナは羽が生えそろって巣立つまで巣内で育てられる。

足のパターン
Pattern of leg

鳥の種類により、趾の向きや長さ、数に違いがある。日本の鳥では8つのパターンが見られる。

三前趾足（さんぜんしそく）：前側の第2〜4趾と後ろ側の第1趾の4本の趾からなる。 キジ

三趾足（さんしそく）：第1趾を欠いた3本の趾からなる（歩いたり走ったりする地上性の鳥）。 セイタカシギ

合趾足（ごうしそく）：第2〜4趾の一部が表皮でくっつき癒着している足（ブッポウソウ目などの鳥）。 アカショウビン

対趾足（たいしそく）：第2趾と第3趾が前向き、第1趾の第4趾が後ろ向き（カッコウやインコのなかま）。 ツツドリ

外対趾足（がいたいしそく）：外側の第4趾を体に直角方向まで上げることのできる対趾足（キツツキのなかま）。 アオゲラ

※日本ではミユビゲラのみが第1趾を欠き、前2本、後ろ1本の三趾外対趾足（さんしがいたいしそく）。

可変対趾足（かへんたいしそく）：第4趾を前向きにも後ろ向きにもできる対趾足（フクロウのなかまとミサゴ）。 フクロウ

皆前趾足（かいぜんしそく）：第1〜4趾すべてが前向き（アマツバメのなかま）。 ヒメアマツバメ

水かきの形
Type of palmate

標準蹼（ひょうじゅんぼく）：第2と第3趾、第3と第4趾の間に膜がある（カモ類やカモメ類など）。 マガモ

半蹼（はんぼく）：前側の趾の付け根に小さな膜がある（サギのなかまやセイタカシギ）。 チュウサギ

全蹼（ぜんぼく）：第1〜4趾すべての趾の間に膜がある（ウのなかま）。 カワウ

弁足（べんそく）：各趾に木の葉のような水かきがある（カイツブリ類、オオバン、ヒレアシシギ類）。 カイツブリ

※イラストはすべて左足。

鳥の足型一覧
Catalog of feet types

※サイズはすべて30％で掲載した。

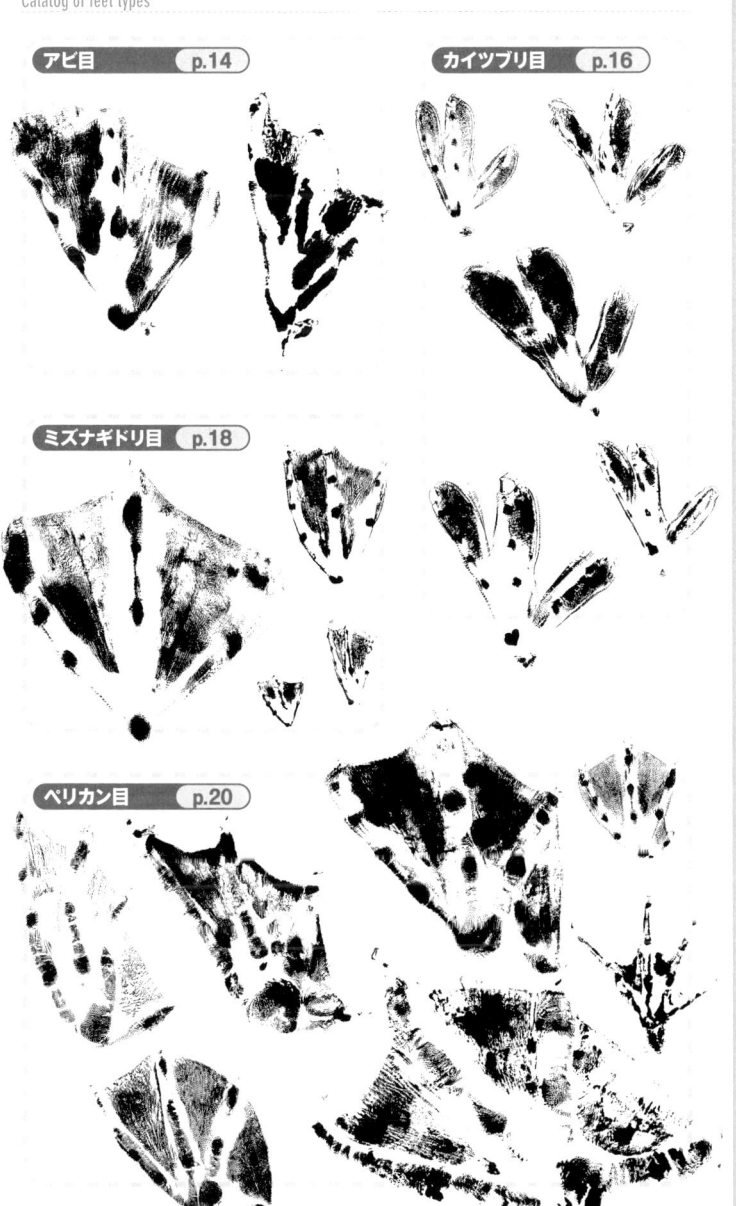

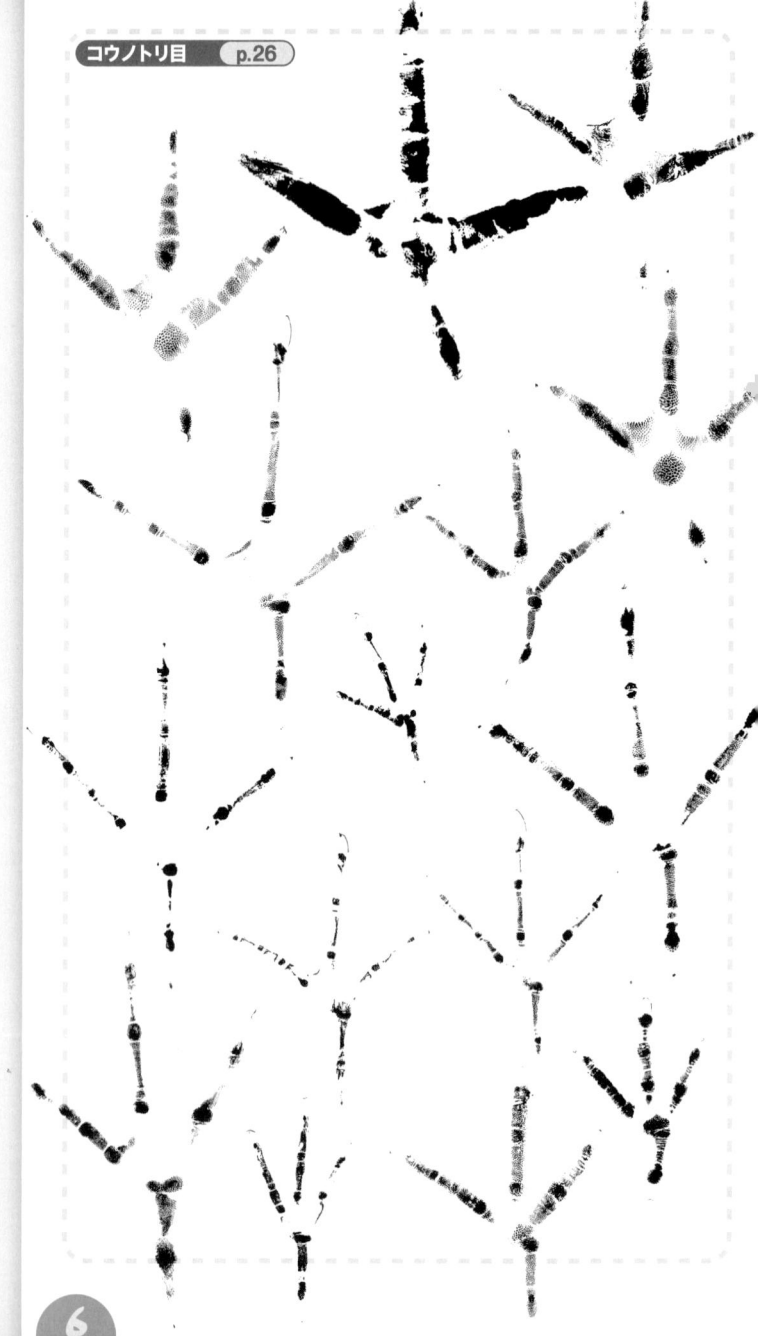

コウノトリ目 p.26

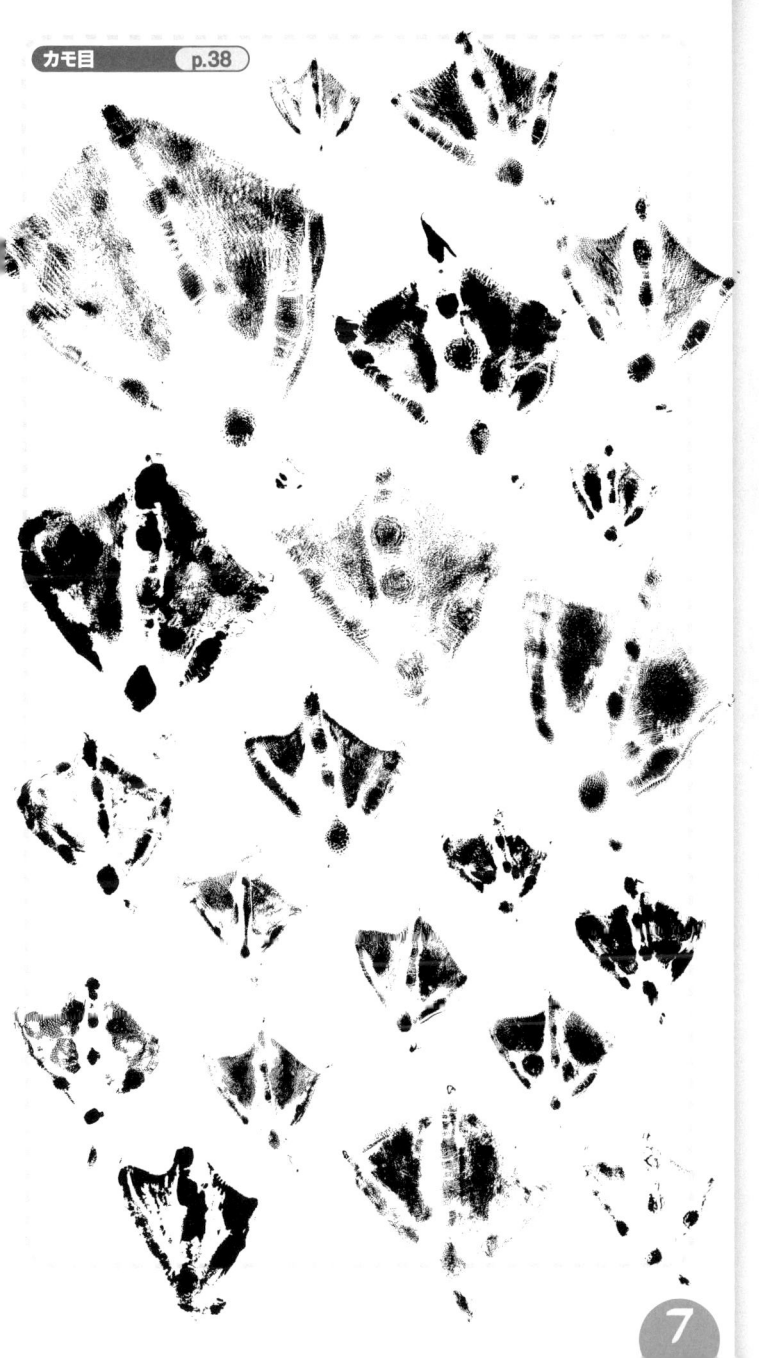

カモ目　p.38

カモ目 p.38

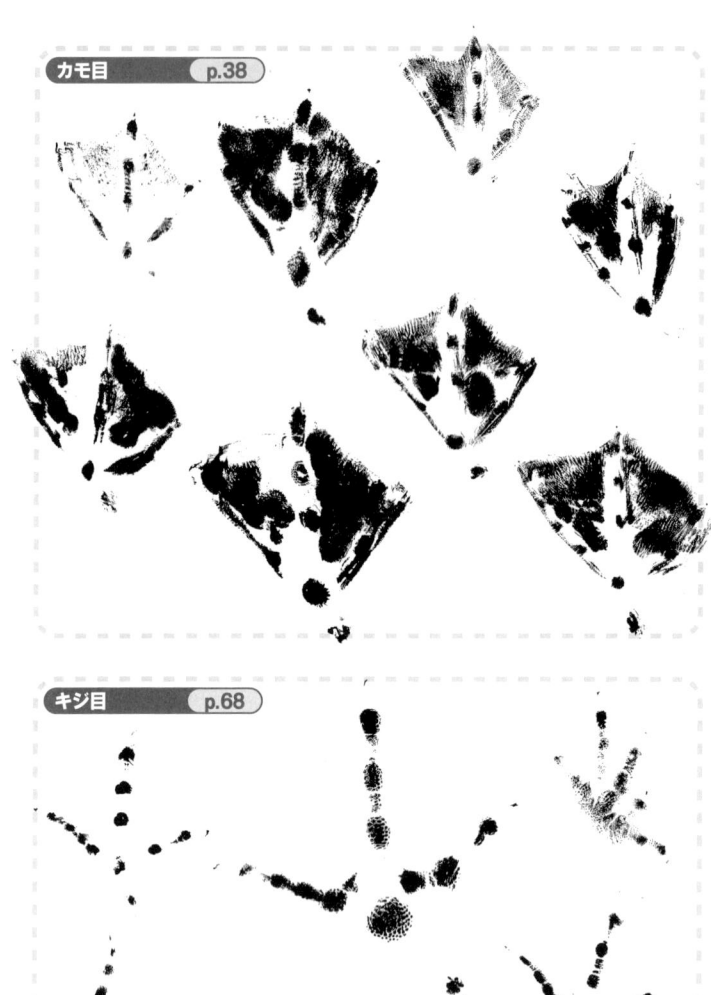

キジ目 p.68

タカ目 p.58

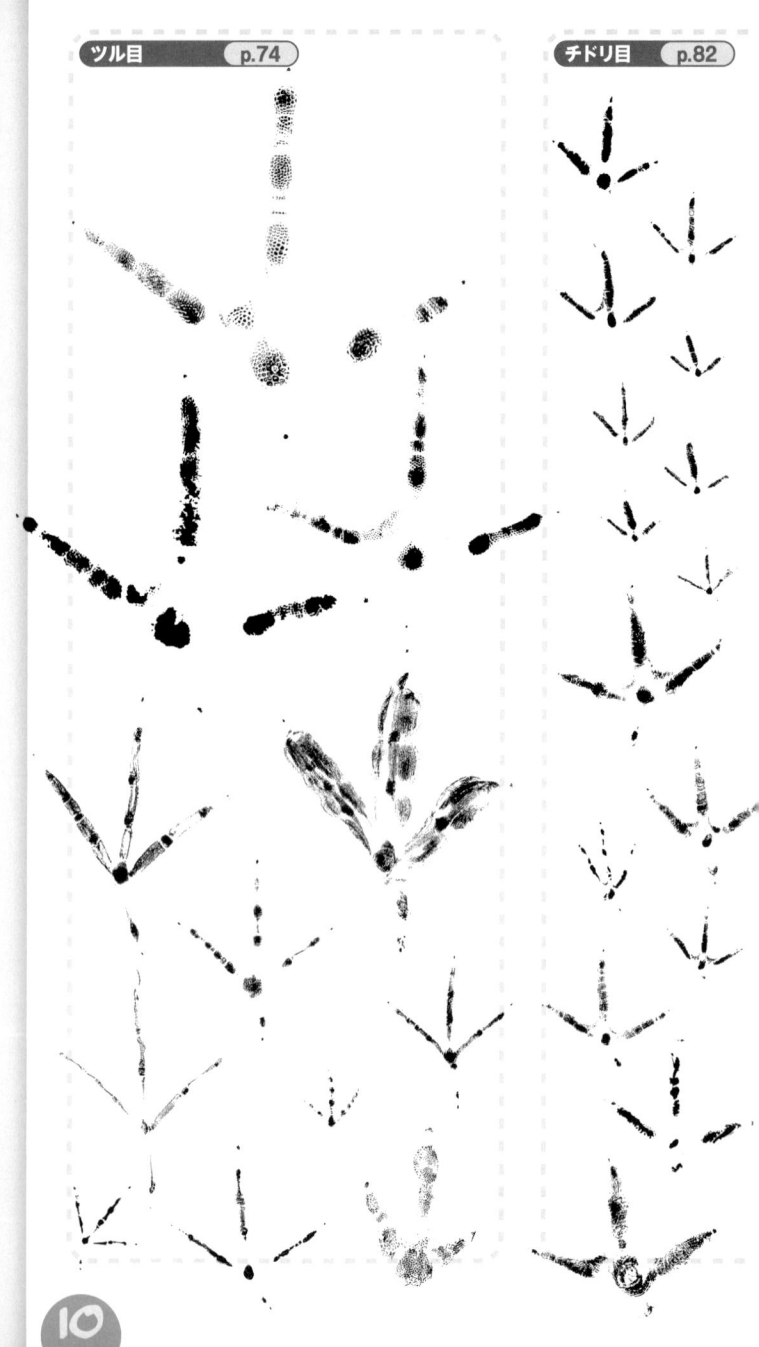

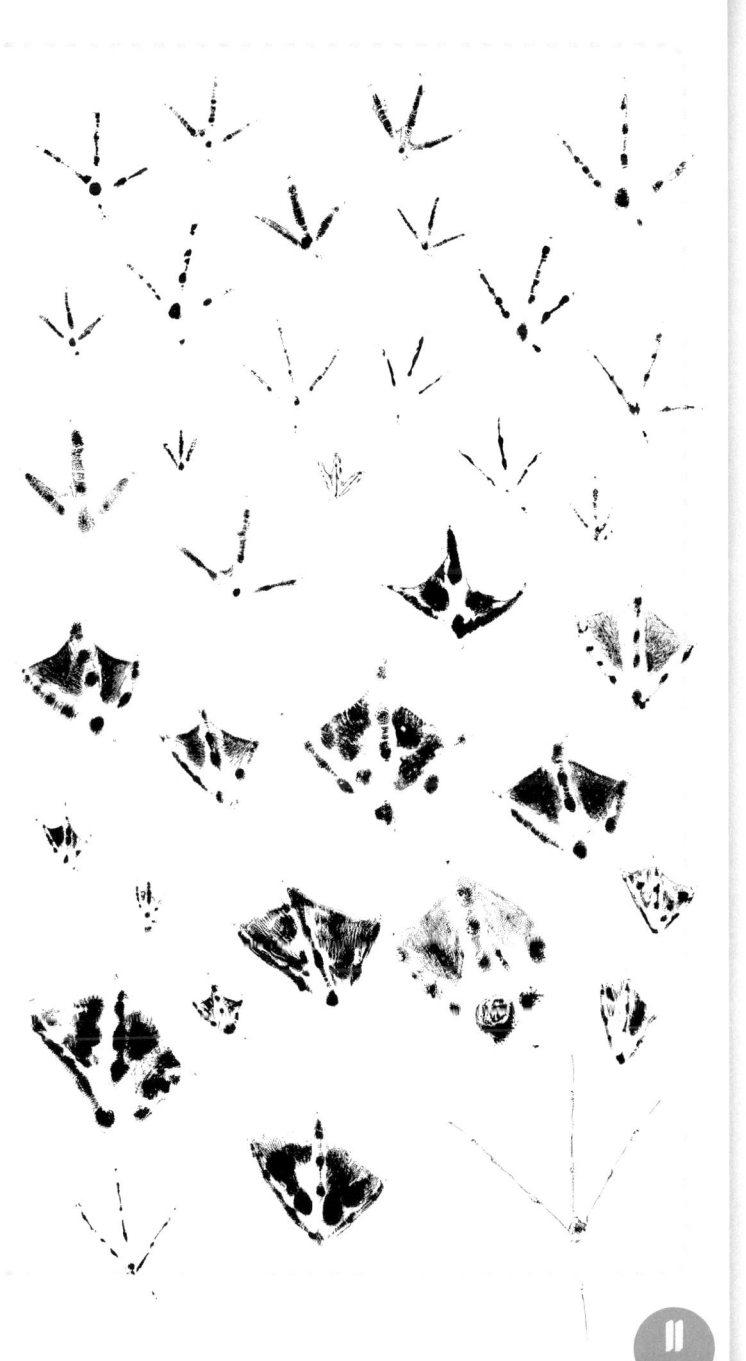

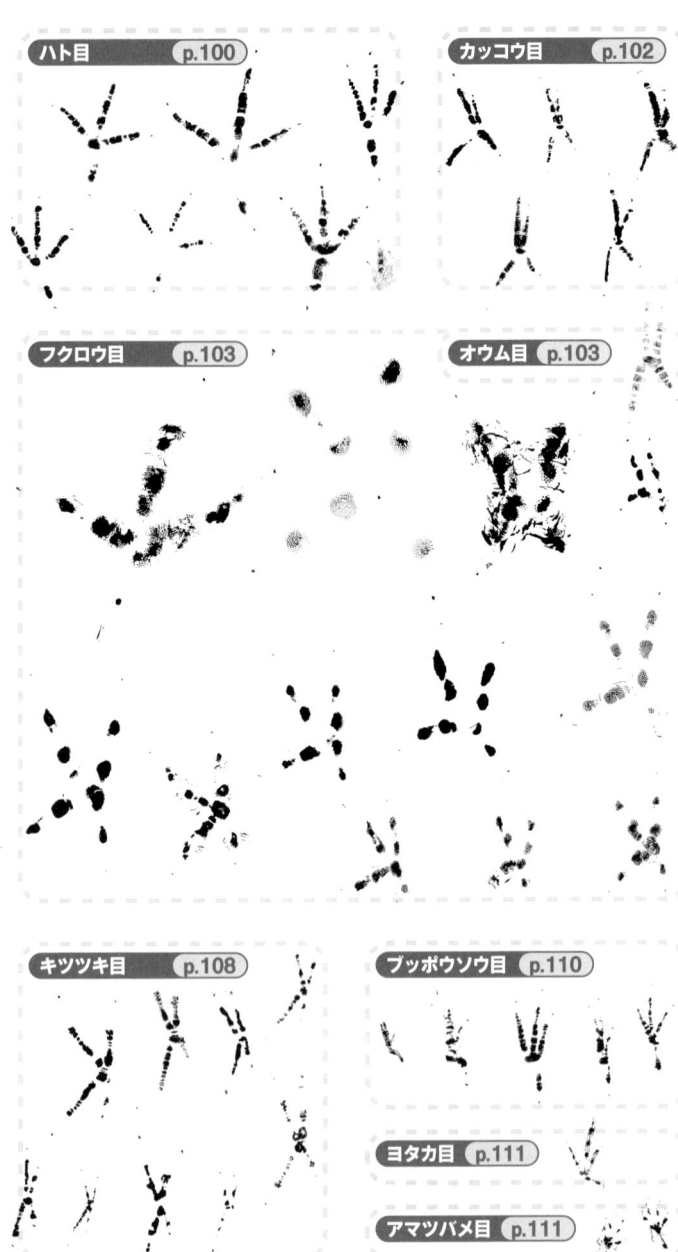

スズメ目 p.112

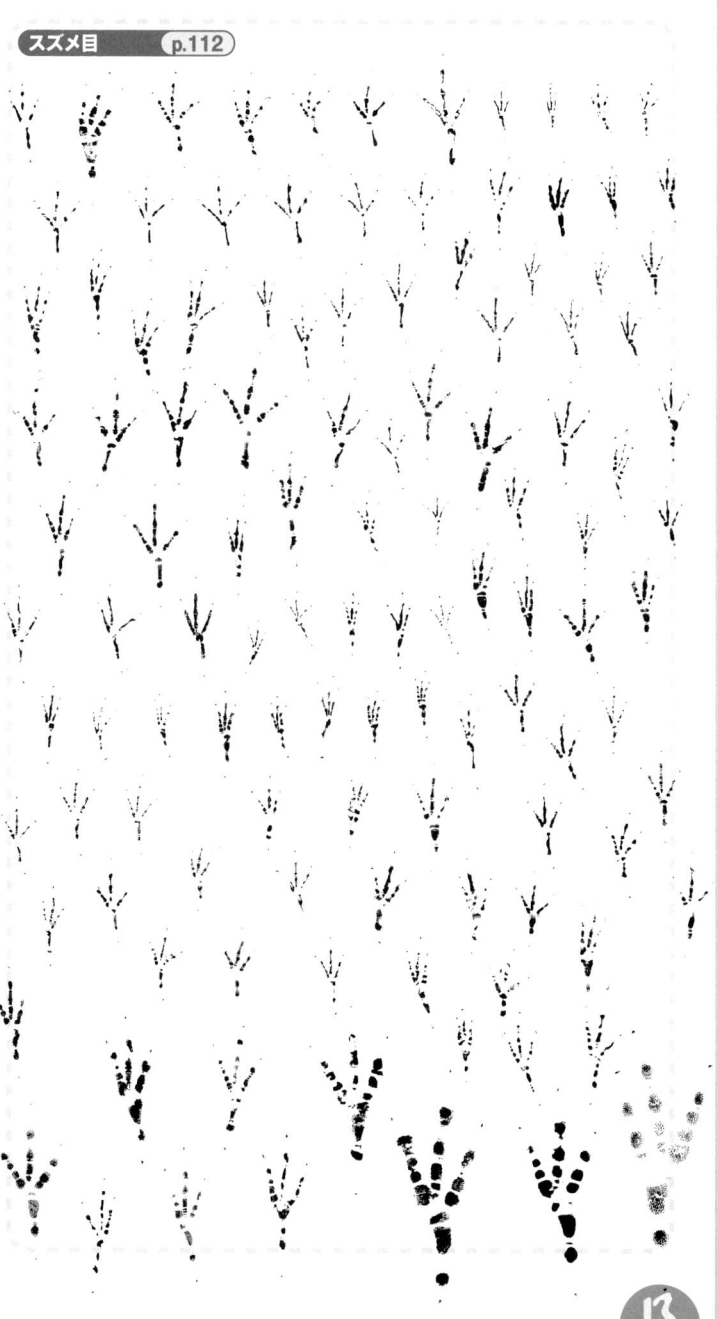

海の潜水鳥
==========

海の潜水鳥

三前趾足・標準蹼。潜り、泳ぎ、水を蹴る足。第2〜3趾と第3〜4趾の間に水かきのあるオール状の平らな足で、第2趾の縁も水かき状に伸びる襞がある。水深50mくらいまで潜ることができる。

アビは助走なしで水面から飛び立つが、シロエリオオハムは足で水面を蹴って助走しないと飛び立てない。

水かき状に伸びる襞（ひ

10cm

シロエリオオハム
Gavia pacifica

アビ科。65cm。
冬鳥。海上。

足を下腹部にのせて休んだり、羽づくろいのときに足を観察することができる。

海の潜水鳥

アビ類は平爪。写真はハシジロアビの第3趾の爪。

足型が細いのは、材料の足が固くて開かなかったためで、開けばシロエリオオハムと同じような形になるはずである。

アビ
Gavia stellata

アビ科。63cm。
冬鳥。海上。

12.3cm

※瀬戸内海ではアビ類の群れを探して魚を見つけるアビ漁が行われていたが、主役はシロエリオオハムだった。

カイツブリの弁足

三前趾足・弁足。潜り、泳ぐ足。前側の3つの趾が木の葉状に平たく広がり、弁とよばれる。後ろ側の第1趾も小さな弁足になっている。爪も鳥では珍しい平爪である。

カイツブリ
Tachybaptus ruficollis

カイツブリ科。26cm。留鳥・夏鳥(北海道)。池・湖沼・河川。

6.3cm

6.4cm

6cm

ハジロカイツブリ
Podiceps nigricollis

カイツブリ科。31cm。冬鳥。海岸・内湾・河口・河川。

泳いでいるときに弁足を観察できる。

ミミカイツブリ
Podiceps auritus

カイツブリ科。33cm。冬鳥。内湾・河口・河川。

カイツブリの弁足

アカエリカイツブリ
Podiceps grisegena
カイツブリ科。47cm。
冬鳥・留鳥（北海道）。
湾・河口・入江・湖沼。

7.6cm

※弁足は後ろに水を蹴るときに広がり、戻すときは閉じ、効率的に潜水することができる。

※足を水面上に出して休んでいるときや羽づくろい、伸びをしたときに大きな弁足を観察できる。

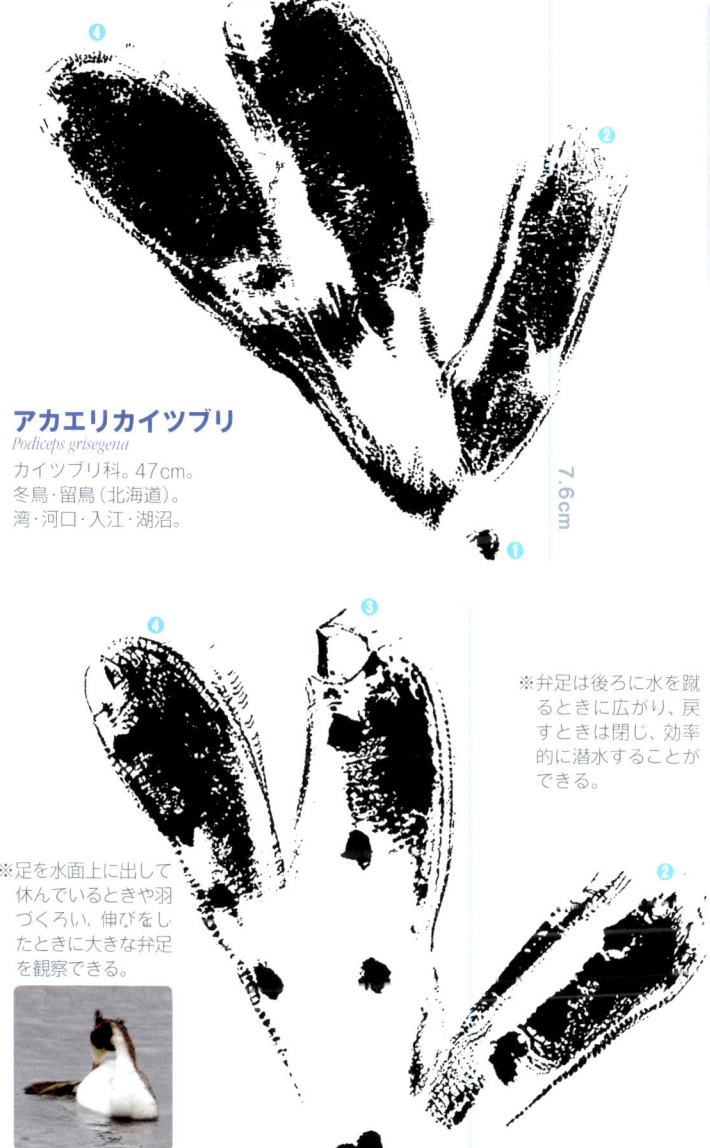

カンムリカイツブリ
Podiceps cristatus
カイツブリ科。56cm。冬鳥。
湖沼・河口・海岸。

8.7cm

海洋の滑空鳥

三趾足と三前趾足・標準蹼。泳ぎ、舵や木に登るのにも使う足。第2〜3趾と第3〜4趾の間に水かきのある平らな足で、第1趾は極めて小さいか、ない。

大きな足で重い体を支えており、歩くのは不得手。飛んでいるときに水かきをいっぱいに広げ、バランスをとる舵としても使い、着地のときはブレーキとして使う。

コアホウドリ
Diomedea immutabilis

アホウドリ科。79〜81cm。留鳥（太平洋）。海洋上。
アホウドリ科の鳥は第1趾を欠く三趾足。アホウドリの足型は13.5cmとやや大きい。

12.6cm

※アホウドリはウミツバメの100倍以上も重いが、足型の形は共通していることがわかる。

海洋の滑空鳥

先が鉤状になった爪で、傾斜した木に登り、木の上から飛び立つ。

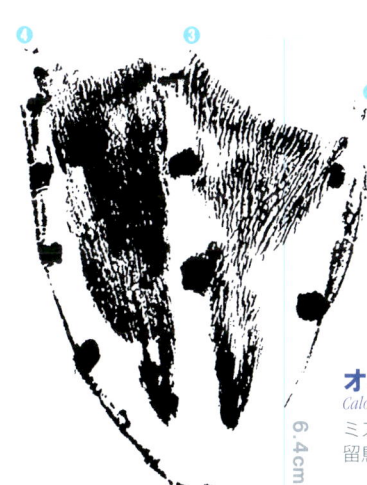

6.4cm

オオミズナギドリ
Calonectris leucomelas
ミズナギドリ科。48cm。
留鳥。海洋上・島。

3.9cm

シロハラミズナギドリ
Pterodroma hypoleuca
ミズナギドリ科。30cm。
留鳥(太平洋)。海洋上・島。

2.4cm

クロコシジロウミツバメ
Oceanodroma castro
ウミツバメ科。19cm。
留鳥(東北地方沖)。海上・島。

19

カワウとウミウ

三前趾足・全蹼・第3趾の爪はくし爪。
潜り、泳ぐ足。4つの趾、すなわち全部の
趾の間に水かきがあるので、全蹼目とい
う分類単位の名がつけられている。

カワウは普通、木の枝にと
まるが、大きな河川にかか
る送電線に器用にとまって
いることがある。

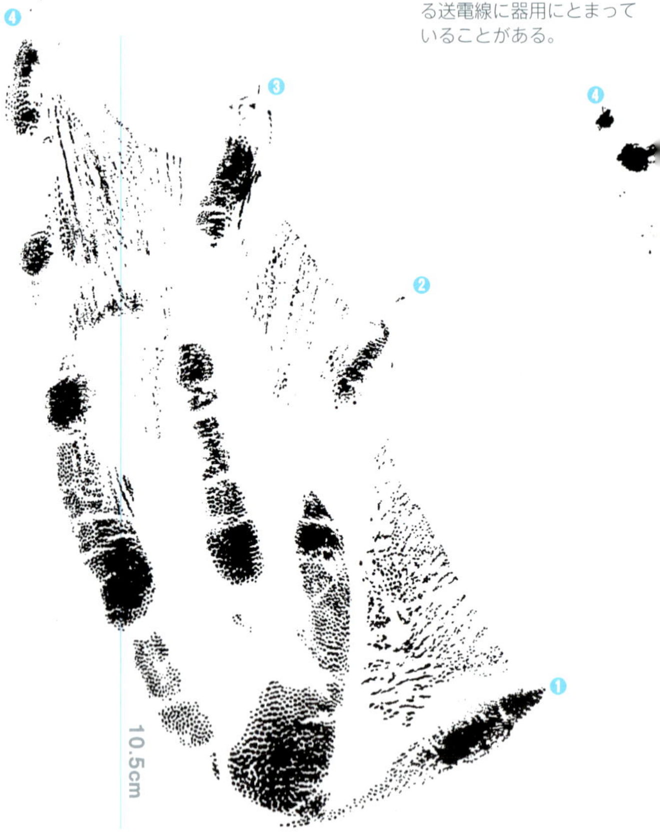

10.5cm

カワウ
Phalacrocorax carbo
ウ科。82cm。
留鳥・漂鳥。
湖沼・河口・入江。

※干潟や池畔の泥地で足跡を観察できる。
※同じ囲いで飼っていたカワウはいつも木
の枝に、ウミウはコンクリート上にとま
っていたので、とまる場所で簡単に識別
することができた。

カワウとウミウ

ウミウは岩場から落ちないよう、短いが先の鋭い鉤爪をもっている。

海岸を歩くウミウ。ぬれた砂浜なら足跡がつくことがある。

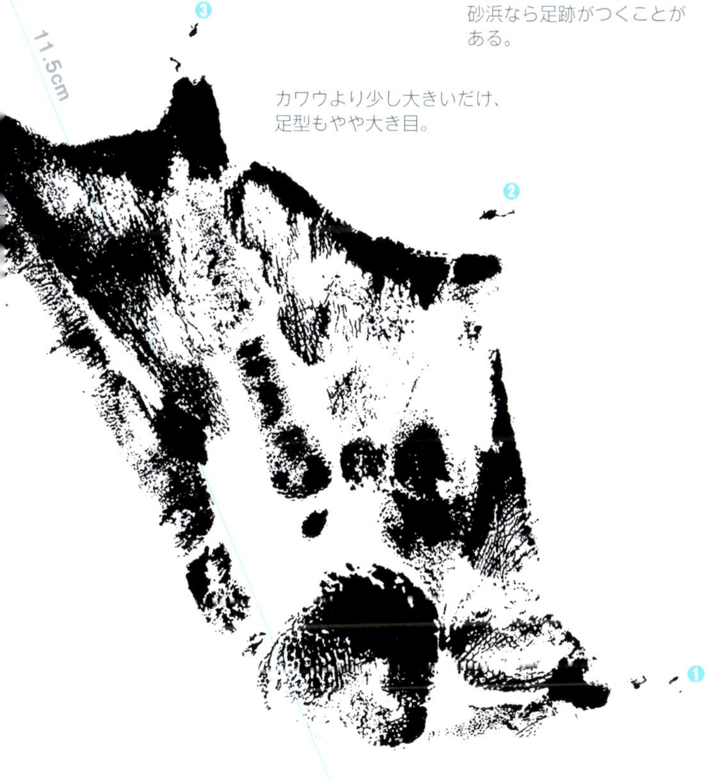

カワウより少し大きいだけ、足型もやや大き目。

ウミウ
Phalacrocorax capillatus
ウ科。84cm。
留鳥・漂鳥。
海岸。

ペリカンのなかま

ペリカンのなかま

三前趾足・全蹼と半全蹼。ペリカンは泳ぐ足、グンカンドリはつかまる足。

モモイロペリカン（左）とウミウ（右）。足を見比べるとウとペリカンが同じなかまであることがわかる。

日本で記録された鳥では最大級の足で、全蹼である。

❸

15.5cm

モモイロペリカン
Pelecanus onocrotalus

ペリカン科。
♂175cm、♀148cm。
迷鳥。海岸・湖沼。

❹

22

オオグンカンドリ
Fregata minor

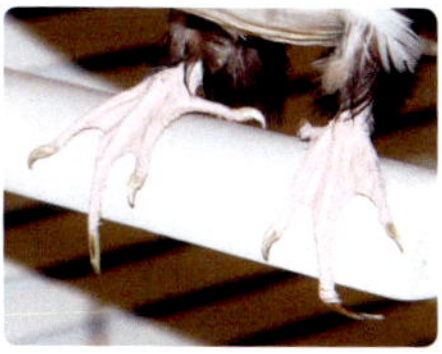

グンカンドリ科。
85〜105cm。
迷鳥(太平洋)。海洋上。

第3趾の爪は
くし爪になっている。

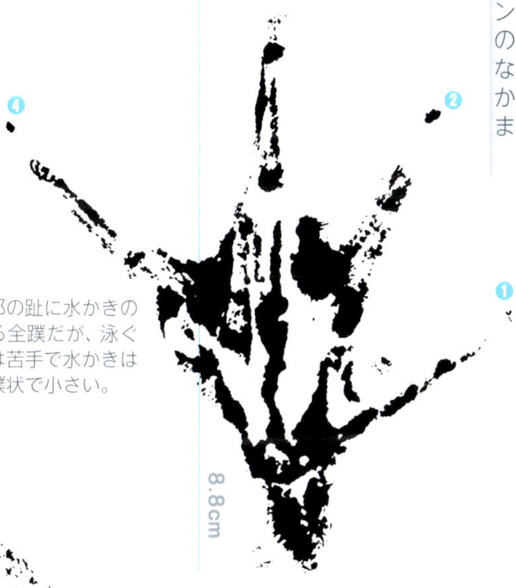

全部の趾に水かきの
ある全蹼だが、泳ぐ
のは苦手で水かきは
半蹼状で小さい。

8.8cm

ペリカンのなかま

ペリカンのなかま

● **カツオドリとネッタイチョウ**

三前趾足・全蹼。潜って泳ぎ、水中と空中で舵をとる足。カツオドリはしっかり歩くが、ネッタイチョウは歩くのは苦手。

※カツオドリの足型は、アカアシカツオドリくらいの大きさで、形はアオツラカツオドリに似る。

カツオドリ類の第3趾の爪はくし爪になっている。

11.8cm

アオツラカツオドリ
Sula dactylatra

カツオドリ科。
81〜92cm。
迷鳥（太平洋）。海洋上。

地上に営巣し、水かきのある大きな足をもつ。第1〜2趾の水かきも発達している。

ペリカンのなかま

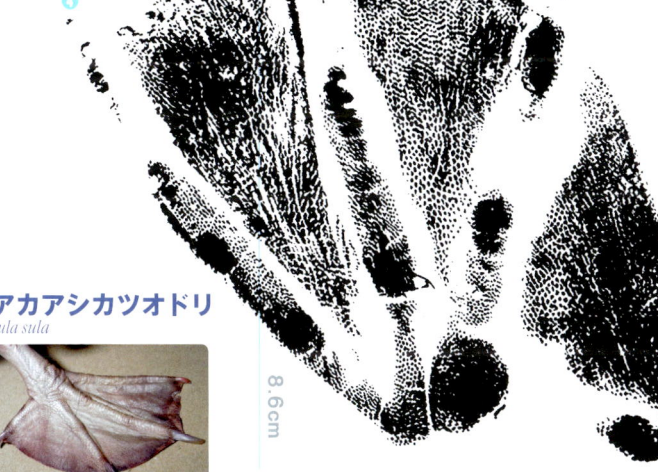

アカアシカツオドリ
Sula sula

カツオドリ科。
66〜77cm。
迷鳥(太平洋)。海洋上。

樹上に営巣し、枝にとまる寸前には、赤い水かきを半円形に大きく広げてブレーキとして使う。

アカオネッタイチョウ
Phaethon rubricauda

表　裏

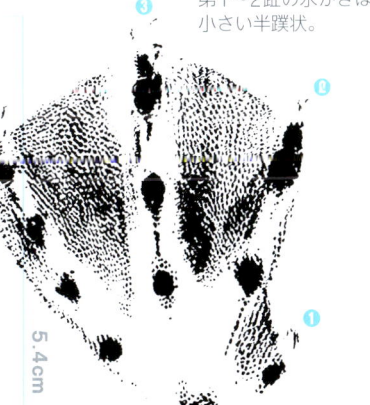

ネッタイチョウ科。
78〜81cm
(30〜35cmは尾)。
留鳥(太平洋)。海洋上・島。

第1〜2趾の水かきは小さい半蹼状。

※最新の研究では、ネッタイチョウはカイツブリやフラミンゴ、ハトに近いネッタイチョウ目として独立した分類になった。

コウノトリのなかま

三前趾足・半蹼。
水辺を歩き、樹上にとまる足。第3〜4趾間に小さな半蹼状の水かきが、第2〜3趾間により小さな水かきがある。大きな体を支えるために第1趾も発達し、4本の趾を地面につけて歩く。

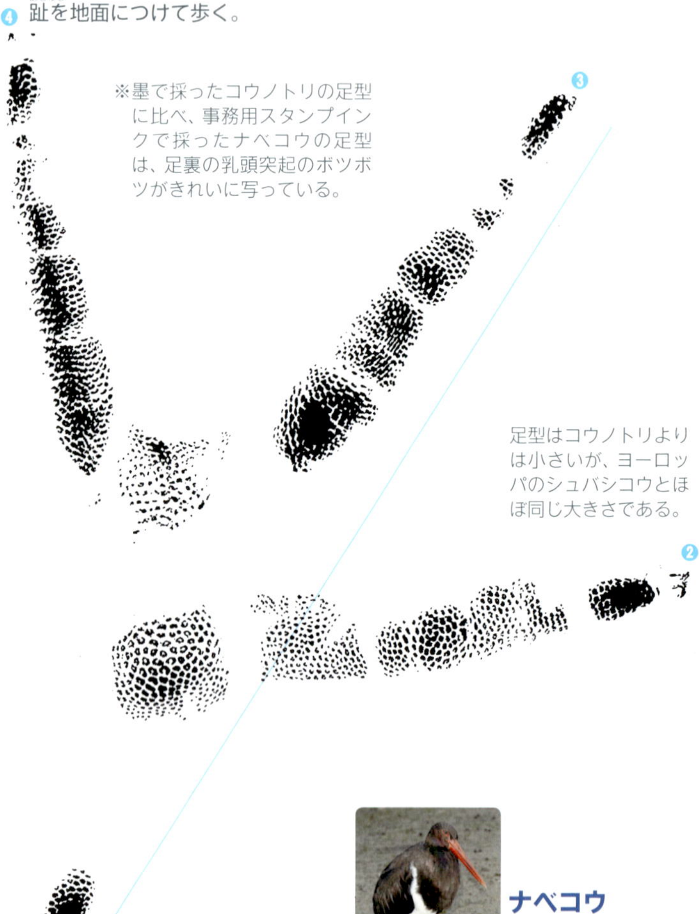

※墨で採ったコウノトリの足型に比べ、事務用スタンプインクで採ったナベコウの足型は、足裏の乳頭突起のボツボツがきれいに写っている。

足型はコウノトリよりは小さいが、ヨーロッパのシュバシコウとほぼ同じ大きさである。

13.8cm

ナベコウ
Ciconia nigra
コウノトリ科。
99cm。
迷鳥・冬鳥。
水田・湿地・湖沼。

コウノトリのヒナ

2.5cm

孵化後8日目のヒナの足型。巣立ちまで巣で育てられる晩成性のヒナの趾は、歩く必要がないために弱々しい（早成性のヒナは、カルガモp.48-49、オシドリp.50、コジュケイp.71を参照）。

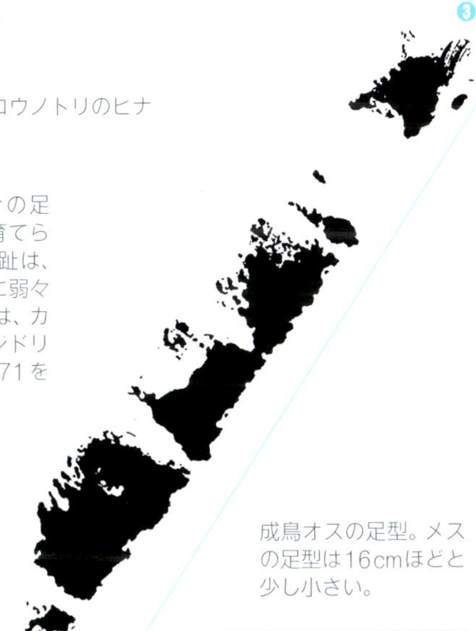

コウノトリのなかま

17cm

成鳥オスの足型。メスの足型は16cmほどと少し小さい。

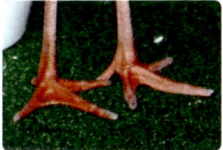

半蹼状の水かきのあるコウノトリの足。

コウノトリ
Ciconia boyciana
コウノトリ科。
112cm。
留鳥・迷鳥。
水田・湖沼・池・河川。

トキのなかま

三前趾足・半蹼。湿地や浅瀬を歩き、樹上にとまる足。第2～3趾、第3～4趾間に小さな半蹼状の水かきがあり、田んぼなど浅い泥湿地で歩きまわりながらの採食に適している。

トキの趾はサギ類より太く、第3趾と第1趾がサギ類ほど直線的でない点で区別できる。

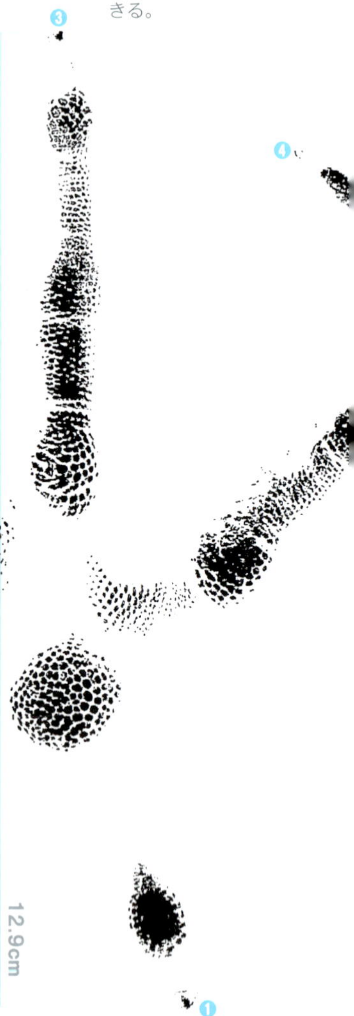

第3趾で頭をかく日本産最後のトキ、キンちゃん（メス）。35歳の高齢で死亡したときの足型の長さは11cmで、若いオスに比べて短かった。

12.9cm

トキ
Nipponia nippon

トキ科。
77cm。留鳥。
水田・湿地・池畔。

トキのなかま

足はサギ類よりはトキにそっくりで、ヘラサギ類がトキのなかまであることの証のひとつである。

12.9cm

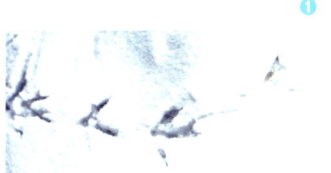

野生復帰した新潟県佐渡島では、雪上や田んぼなどでトキの足跡を観察できる。

クロツラヘラサギ
Platalea minor

トキ科。
74cm。
迷鳥・冬鳥。
水田・湿地・川の浅瀬。

サギのなかま

三前趾足・半蹼。水辺を歩き、餌を探り、樹上にとまる足。趾は細長く、第1趾も比較的長く、田んぼなど泥底を歩くのに適している。第3趾の爪はくし爪で、羽づくろいや粉綿羽※を塗るのに使われる。

※粉綿羽：粉末状の羽のことで、防水効果がある。

● **白いサギ**

シラサギ類は白いサギの総称で、ダイサギ、チュウサギ、コサギを指し、アマサギを含めることもある。

第3趾の爪には刻みがありくし爪と呼ばれる。

ダイサギ
Egretta alba
サギ科。80〜104cm。
留鳥・夏鳥（北海道）。
水田・湖沼・干潟・川。

足型は、くし爪がわかるように第3趾の爪を寝かせて採った。

18.2cm

サギのなかま

11.3cm

コサギは黄色い趾で
水中や泥中の獲物を
追い出して捕らえる。

コサギ
Egretta garzetta
サギ科。61cm。
留鳥・夏鳥(北海道)。
水田・湿地・干潟・湖沼・川。

コサギの第3趾の爪。

第3趾のくし爪で羽づくろ
いをするコサギ。

※サギ類の足型は第1趾が長く、
第3趾と第1趾が直線的なので、
他の鳥と識別しやすい。第3〜
第4趾の間にある半蹼状の小さ
な水かきは目立たないが、ダイ
サギではよくわかる。

●白いサギ

サギのなかま

チュウサギ
Egretta intermedia
サギ科。69cm。
夏鳥・冬鳥（沖縄）。
水田・湿地・干潟・川。

15.3cm

全長はダイサギとコサギの中間で、数値はコサギに近いが、足型は意外と大きい。

※シラサギ類は、足型の大きさもダイサギ、チュウサギ、コサギ、アマサギの順に、体の大きさに比例する。足跡はよく似ているが、計測すれば識別できる。

アマサギ
Bubulcus ibis

サギ科。51cm。
夏鳥・留鳥（西日本）。
水田・草原・畑。

サギのなかま

12.6cm

ダイサギ、チュウサギ、アマサギの群れ

草の茂った草原や畑などでは足跡はつきにくい。

サギのなかま

● **青いサギ**

青や灰色の羽をもつアオサギ、ゴイサギ、ササゴイを指す。

アオサギ
Ardea cinerea

サギ科。95cm。
留鳥・冬鳥(沖縄)。
水田・湿地・湖沼・干潟・川。

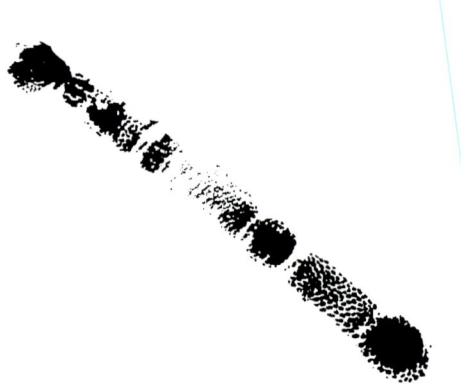

17.5cm

足型は大きさも形もダイサギ(p.30)そっくりで、野外で両種の足跡を識別するのは非常に難しい。

※青いサギ3種の足跡も、体の大きさに比例するので、計測すれば見当がつく。

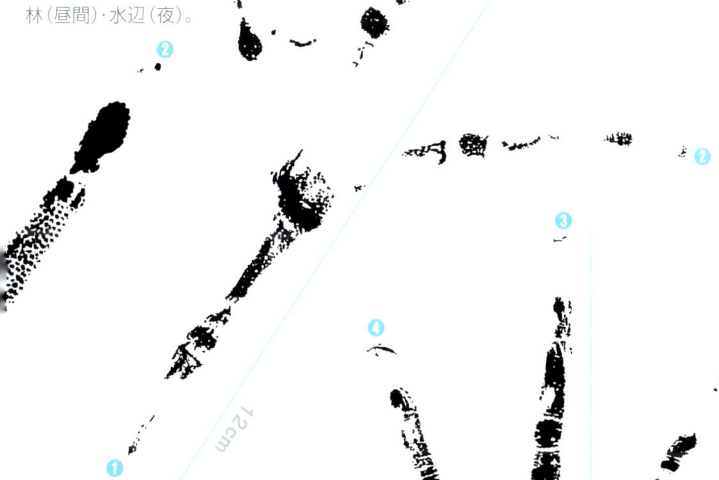

第3趾で気持ちよさそうに首をかくゴイサギ。

ゴイサギ
Nycticorax nycticorax
サギ科。58cm。
留鳥・漂鳥。
林（昼間）・水辺（夜）。

コサギと同じくらいの大きさの足型。姿を確認しないと、野外で両種の足跡を識別するのは難しい。

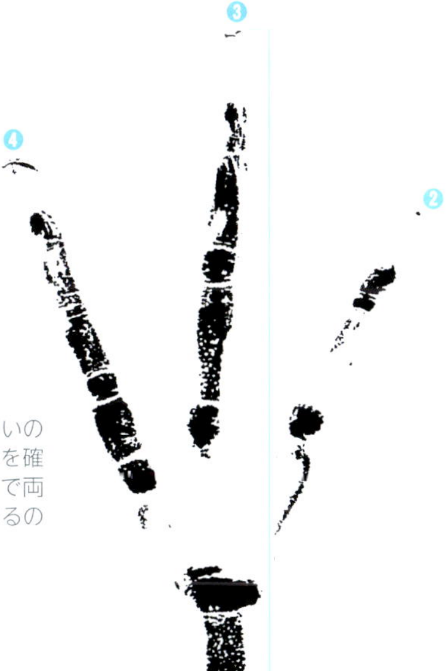

ササゴイ
Butorides striatus
サギ科。52cm。
夏鳥・留鳥。
川・水田・湖沼・池。

サギのなかま

サギのなかま

●アシ原・里山・海のサギ

水辺のアシ原や里山の雑木林、海岸の磯にもサギのなかまが生息している。

サンカノゴイ
Botaurus stellaris
サギ科。70cm。
留鳥。
アシ原・水田。

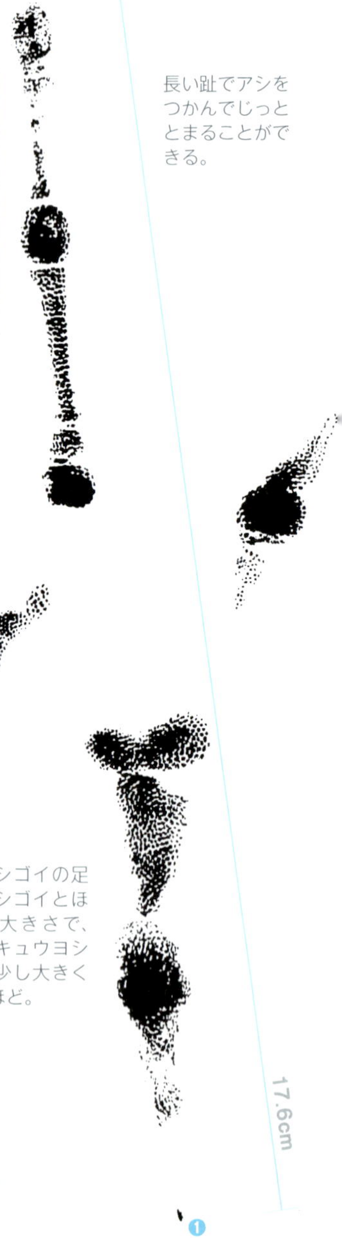

長い趾でアシをつかんでじっととまることができる。

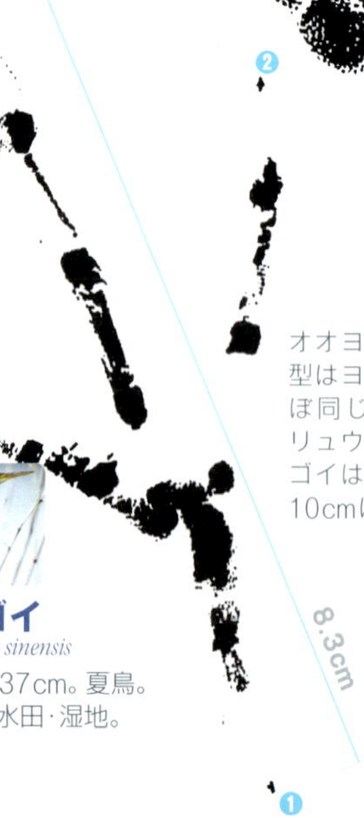

ヨシゴイ
Ixobrychus sinensis
サギ科。37cm。夏鳥。
アシ原・水田・湿地。

オオヨシゴイの足型はヨシゴイとほぼ同じ大きさで、リュウキュウヨシゴイは少し大きく10cmほど。

8.3cm

17.6cm

サギのなかま

ミゾゴイ
Gorsachius goisagi

サギ科。49cm。夏鳥。里山。雑木林の斜面などで行動するのに適した、短く太い趾をしている。

9cm

12.2cm

クロサギ
Egretta sacra

サギ科。63cm。留鳥。海岸。クロサギは趾を濡らすのが嫌いらしく、岩礁の水際で魚を捕ることが多い。

海岸の岩礁や砂浜など足の沈まない地面で行動するのに適した太い趾をしている。

カモのなかま

三前趾足・標準蹼。泳ぎ、潜り、歩き、舵をとり、着地時はブレーキにもなる足。第2〜3趾、第3〜4趾の間に水かきがある。第1趾は高い位置にあるため、やわらかい泥沼や雪の上でなければ足跡はつかない。

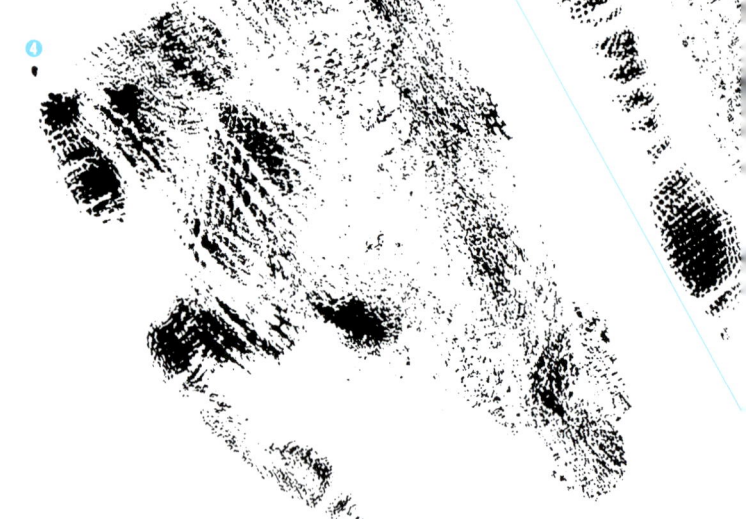

オオハクチョウ
Cygnus cygnus

日本のカモ科鳥類では最大で、野外では第1趾の足跡はつかない。

カモ科。140cm。
冬鳥。湖沼・内湾、河口、川。

コガモ
Anas crecca

カモ科。37cm。
冬鳥。湖沼・川・池。

カモのなかま

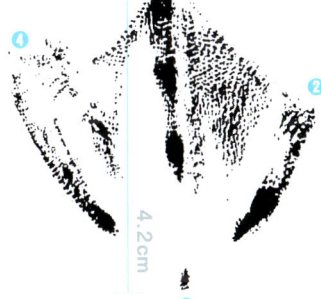

足型はカモ科最小で、計測すれば野外でも識別可能である。

第2趾の外側には襞（ひだ）があり、水をかくときに広がって足裏の面積が大きくなる。

4.2cm

19.3cm

雪上に残された
オオハクチョウの足跡。

コハクチョウの足。
足型はやや小さく、外来種のコブハクチョウはやや大きい。

カモのなかま

●足がオレンジ色のガン

日本に渡ってくる代表的なガンは羽色が茶系で、足は鮮やかなオレンジ色である。

泥太郎とも呼ばれ、泥のぬかるみに足跡を残すことがある。写真は亜種オオヒシクイ。

亜種ヒシクイの足型で、亜種オオヒシクイはもう少し大きい。

ヒシクイ
Anser fabalis
カモ科。78〜100cm。
冬鳥。湖沼・河川・水田。

13.2cm

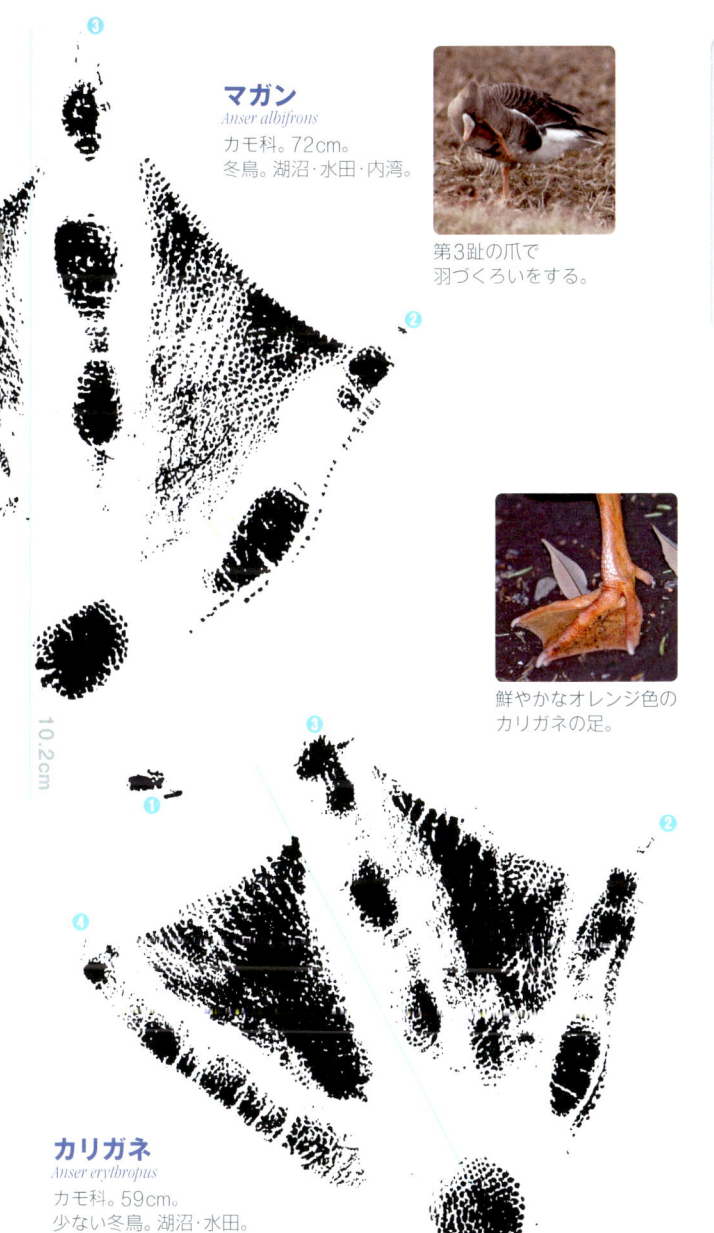

マガン
Anser albifrons
カモ科。72cm。
冬鳥。湖沼・水田・内湾。

第3趾の爪で羽づくろいをする。

鮮やかなオレンジ色のカリガネの足。

10.2cm

カリガネ
Anser erythropus
カモ科。59cm。
少ない冬鳥。湖沼・水田。

8.8cm

カモのなかま

41

カモのなかま

●ガンとガチョウ

サカツラガンを家禽化したものがシナガチョウで、ツールーズなどのヨーロッパガチョウはハイイロガンが原種である。

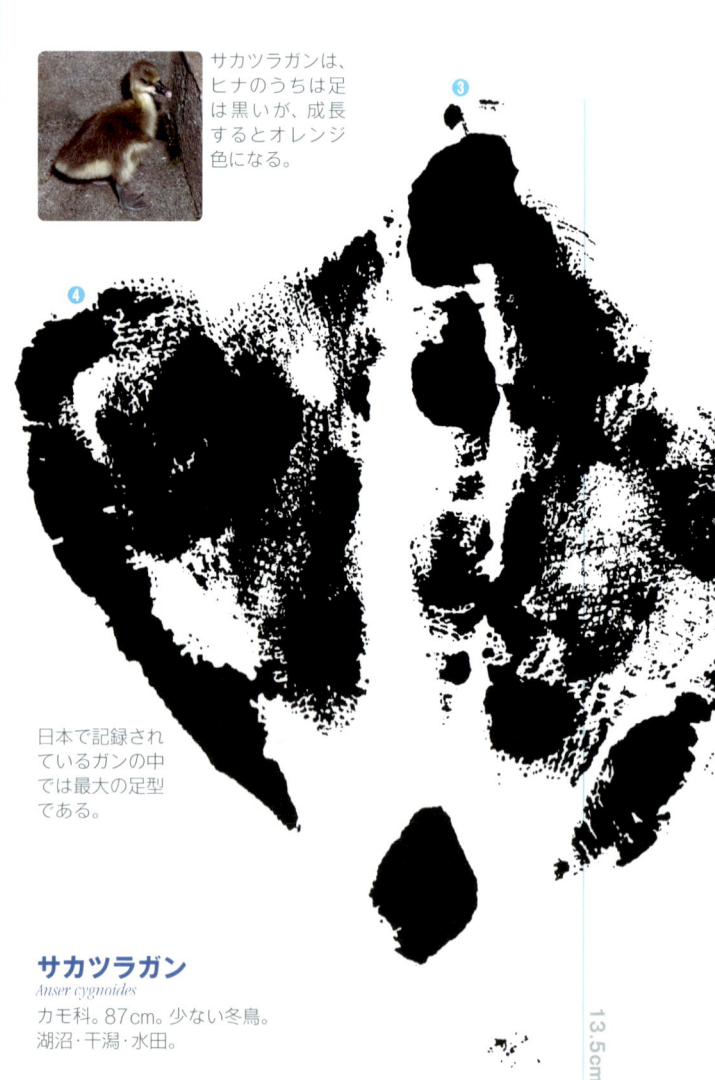

サカツラガンは、ヒナのうちは足は黒いが、成長するとオレンジ色になる。

日本で記録されているガンの中では最大の足型である。

13.5cm

サカツラガン
Anser cygnoides
カモ科。87cm。少ない冬鳥。
湖沼・干潟・水田。

ガチョウ
Anser cygnoides var. *domesticus*

家禽であるガチョウは、品種により大きさはさまざまで、この足型のガチョウは小型のメスのもの。

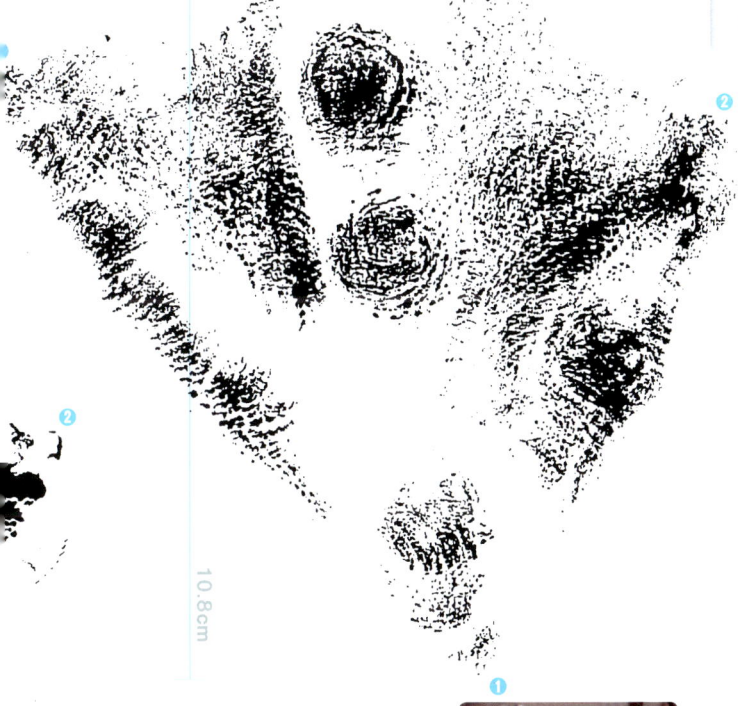

カモのなかま

10.8cm

サカツラガン
桜色を帯びた頬から酒面雁（さかつらがん）と呼ばれる。足はオレンジ色。

シナガチョウ
3kg前後のサカツラガンに比べ、4〜5kgになる。ガチョウには10kgを超すような品種もあり、足型も大きい。

カモのなかま

●足が黒いガン

コクガン属のガンは羽色が黒系で、足も嘴も黒い。

コクガン
Branta bernicla
カモ科。61cm。
冬鳥。海岸。

海岸でノリやアオサを食べるため、ぬれた砂浜に足跡がついていることがある。

白い首輪がある/型のシジュウカ/ガン

シジュウカラガン
Branta canadensis leucopareia
カモ科。60cm。
冬鳥。湖沼・水田。
冬の水田など餌を採るので、泥の上に足跡が残る。

稀な冬鳥になっていたが、羽数回復計画の放鳥で、渡りが復活し、観察できる機会が増えた。

カモのなかま

間違えないで!

富士五湖ではカナダガンをすぐ近くで見ることができる。日本の鳥類図鑑で探すと、似ているのはシジュウカラガン。実は、カナダガンには8〜12の亜種があり、日本に冬鳥として渡って来る亜種は、小型で白い首輪のあるシジュウカラガン。江戸時代には普通種だったシジュウカラガンは、繁殖地にキツネが導入されたことで激減し、日本では迷鳥になっていた。大型のカナダガンを見つけて、シジュウカラガンが日本各地で復活したと勘違いしないように!

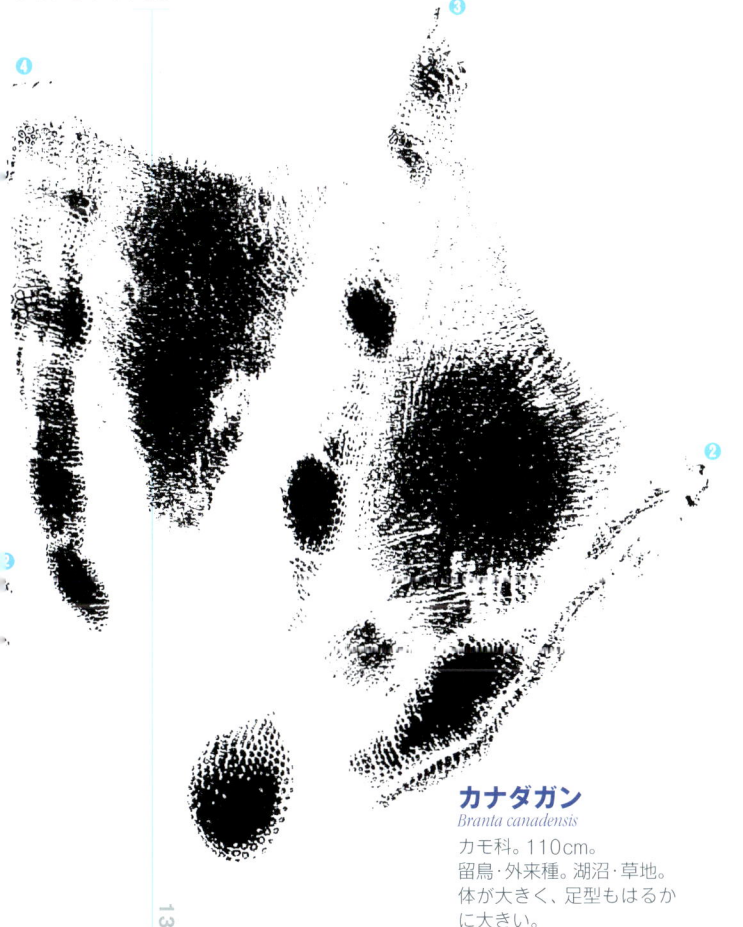

飼われていた亜種のはっきりしない大型のカナダガンが逃げ、富士山周辺の湖沼などで野生化し、繁殖するようになっている。

カナダガン
Branta canadensis
カモ科。110cm。
留鳥・外来種。湖沼・草地。
体が大きく、足型もはるかに大きい。

13cm

45

カモのなかま

●いろいろなカモ類

干潟や水田など泥の上に足跡が残る。水かきがあるのでカモであることはわかるが、姿を確認しないと種名を知るのは難しい。

ハシビロガモ 左オス・右メス
Anas clypeata

カモ科。50cm。冬鳥。湖沼・池・河口・入り江。水辺のふちに上がることもあるので、地面に足跡が残っていることもある。

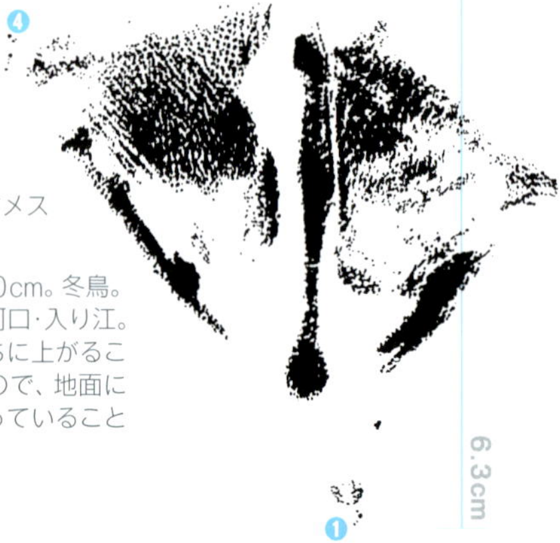

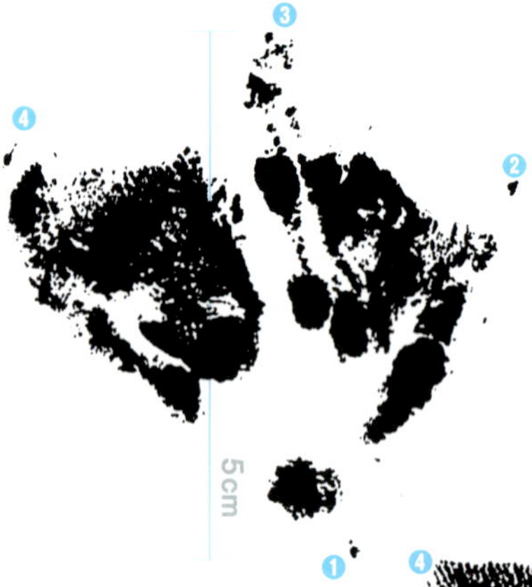

6.3cm

トモエガモ
Anas formosa
カモ科。40cm。冬鳥。湖沼・池・川。

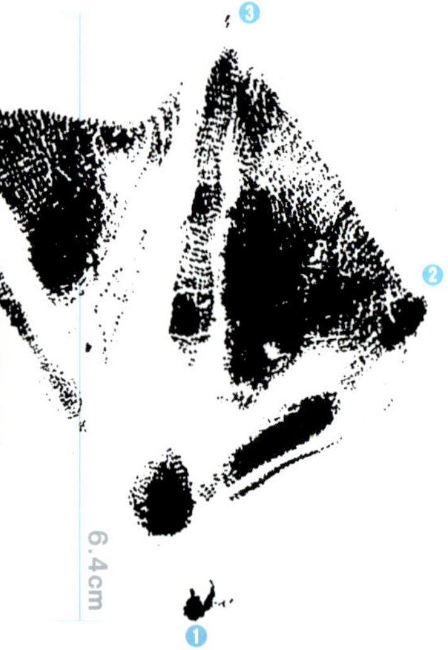

5cm

ヒドリガモ
Anas penelope

カモ科。48cm。冬鳥。湖沼・池・川・河口。川辺でノリなどを食べるので、ぬれた砂地などに足跡が残る。

6.4cm

46

カモのなかま

シマアジ
Anas querquedula

カモ科。38cm。
旅鳥。
湖沼・池・川・海岸。

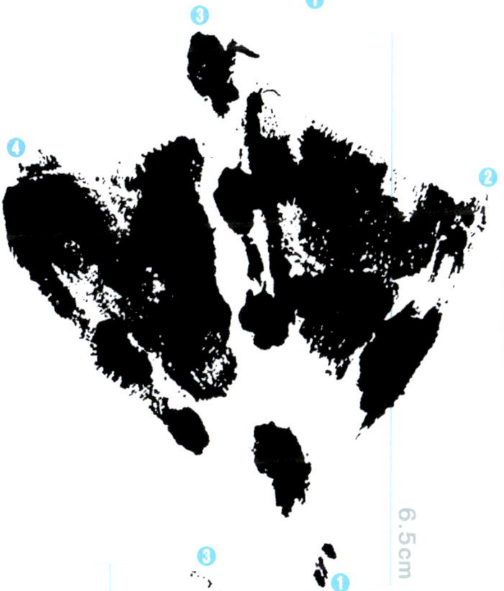

4.8cm

ヨシガモ
Anas falcata

カモ科。48cm。
冬鳥・夏鳥（北海道）。
湖沼・川・内湾。

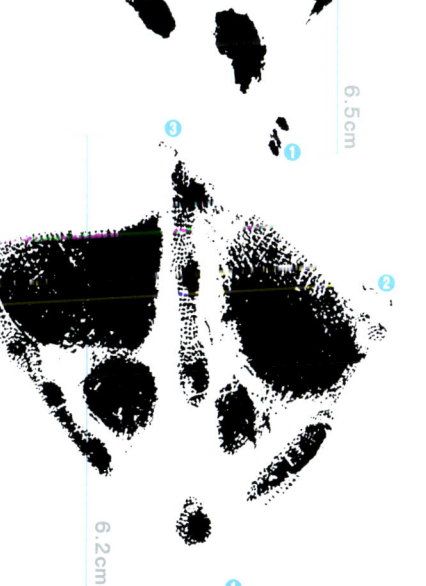

6.5cm

オカヨシガモ
Anas strepera

カモ科。50cm。冬鳥・夏鳥
（北日本）。湖沼・川。
写真はメスの足で、オスの
足は全体がオレンジ色。

6.2cm

カモのなかま

●カルガモの親子

カルガモは都会でも繁殖し、一番身近な
カモ。初夏の頃、水かきのある大小の足
跡を発見したら、カルガモの親子だろう。

カルガモ
Anas poecilorhyncha

カモ科。60cm。
留鳥。池・川・
湖沼・内湾・海岸。
泥の上だけでな
く、乾いたアスフ
ァルトの上にも、
水から上がったぬ
れた足跡を見つけ
ることができる。

カルガモ成鳥の足跡

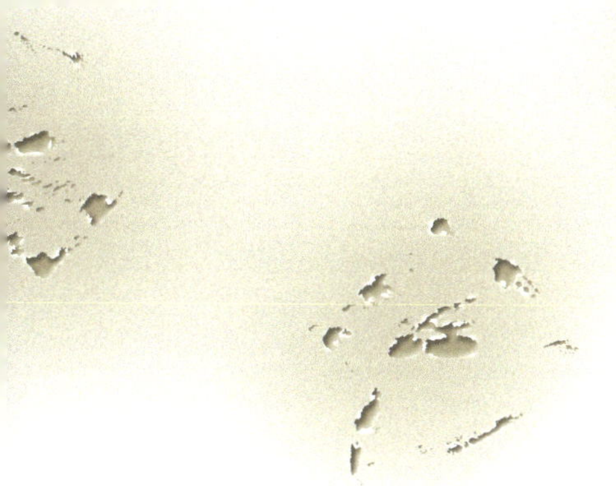

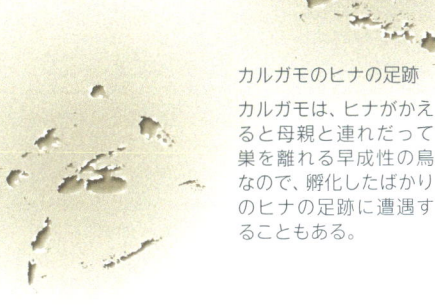

カモのなかま

カルガモのヒナの足跡

カルガモは、ヒナがかえると母親と連れだって巣を離れる早成性の鳥なので、孵化したばかりのヒナの足跡に遭遇することもある。

カルガモ成鳥の足跡

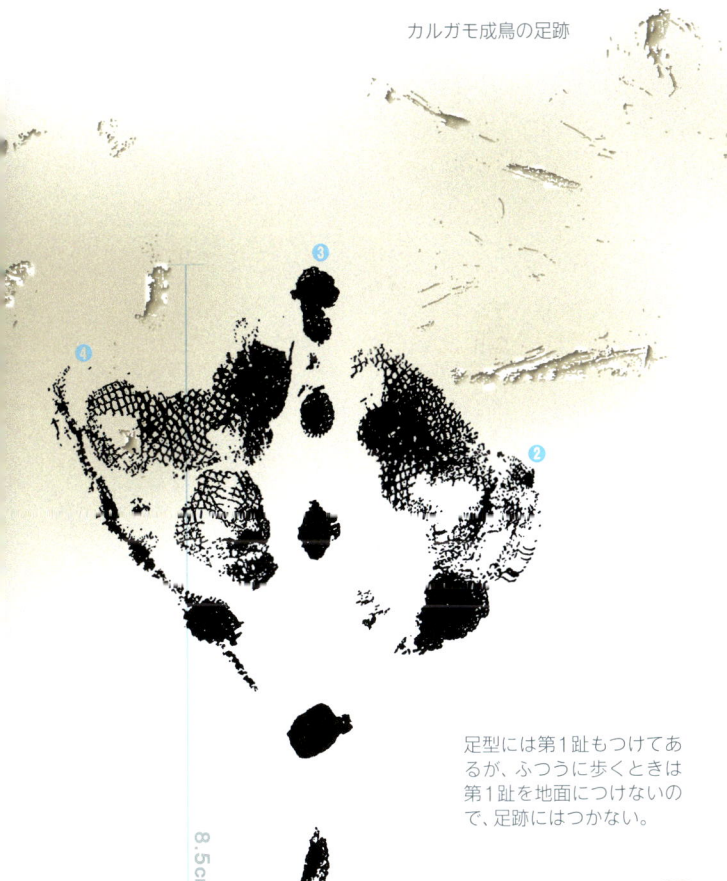

足型には第1趾もつけてあるが、ふつうに歩くときは第1趾を地面につけないので、足跡にはつかない。

8.5cm

カモのなかま

●巣穴で卵を抱くカモ

オシドリやリュウキュウガモ、バリケンの祖先は森の樹洞、ツクシガモもアナウサギの古巣など穴の中で卵をかえす。

オシドリ
Aix galericulata

カモ科。45cm。留鳥・標鳥。渓流・湖沼・池。樹木など足跡のつきにくいところにとまることが多い。

成鳥 6.9cm

ヒナ 3.6cm

ツクシガモ
Tadorna tadorna

カモ科。63cm。冬鳥。干潟・河口・干拓地。干潟などにいるので、泥の上に足跡を残す。

7.8cm

リュウキュウガモ
Dendrocygna javanica

カモ科。41cm。迷鳥。
南西諸島のマングローブ林などで記録されたことがある。

6.9cm

リュウキュウガモの足跡

カモのなかま

バリケン
Cairina moschata var. domestica

オスは体重6kgにもなる家禽で、公園などで飼われている。沖縄では川などに放し飼いされ、泥地に大きな足跡がついている。

10.5cm

カモのなかま

●マガモとアヒル

マガモはカモの代表、アヒルの祖先でもある。共に池畔や湖畔などで、足跡も観察できる。アヒルはいろいろな品種に改良され、足型の大きさも品種によって大小さまざまである。

マガモ
Anas platyrhynchos

カモ科。59cm。冬鳥・留鳥（本州の高地や北日本）。湖沼・池・川・海岸。

7.2cm

コールダックの足型

5.8cm

左

マガモの足跡

右

カモのなかま

ペキンダック
の足型

10.5cm

アヒル
Anas platyrhynchos var. domesticus

ふつうサイズのアヒルでも、足型はマガモよりは大きい。マガモの体重約1kgに対し、ペキンダックは3kgにもなり、コールダックは500gほどにしかならない。

53

カモのなかま

●陸ガモと潜水ガモ

陸ガモの代表・オナガガモに比べて体の小さな潜水ガモのほうが足型は大きい。潜水ガモは大きな足で潜る推進力を生み出している。

オナガガモ
Anas acuta

カモ科。
♂75cm、♀53cm。
冬鳥。湖沼・池・川。
公園の池などではよく人慣れしており、ぬれた足で陸地に上がってくるので、乾いた地面に足跡がつくことがある。

6.9cm

キンクロハジロ
Aythya fuligula

カモ科。40cm。冬鳥。湖沼・池・川。雑食性の潜水ガモで水底まで潜り、底生の動植物を採食する。

8.3cm

カモのなかま

ホシハジロ
Aythya ferina

カモ科。45cm。冬鳥。湖沼・池・川。池のふちにも上がるので、足跡も見つかるかもしれない。

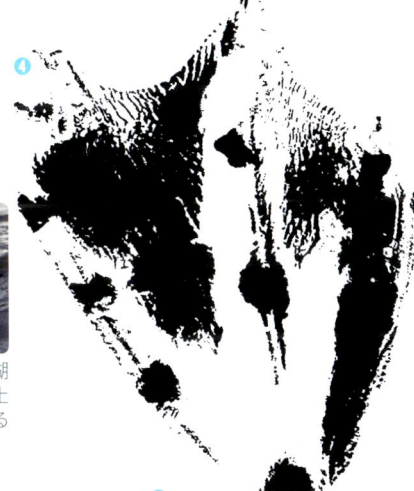

8.6cm

スズガモ
Aythya marila

カモ科。45cm。冬鳥。内湾・河口・入り江。

9.4cm

潜水ガモは、水をかくときに第2趾の外側の襞（ひだ）が大きくふくれ、推進力を増す。

カモのなかま

●肉食性の潜水ガモ

潜水して魚や貝など捕る動物食の潜水ガモは、より推進力を増すために大きな足をもつ。

ホオジロガモ
Bucephala clangula

カモ科。45cm。
冬鳥。
内湾・入り江・湖沼・川。

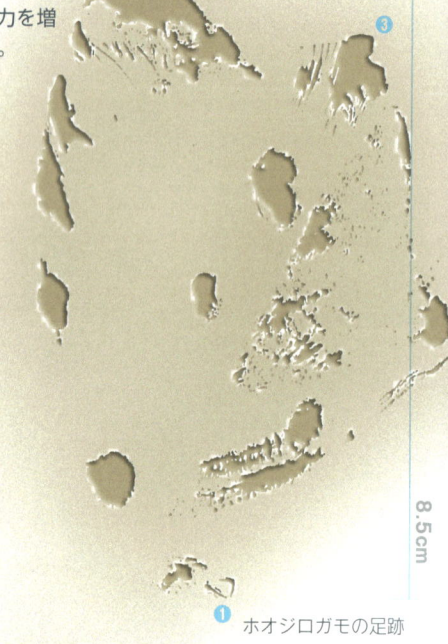

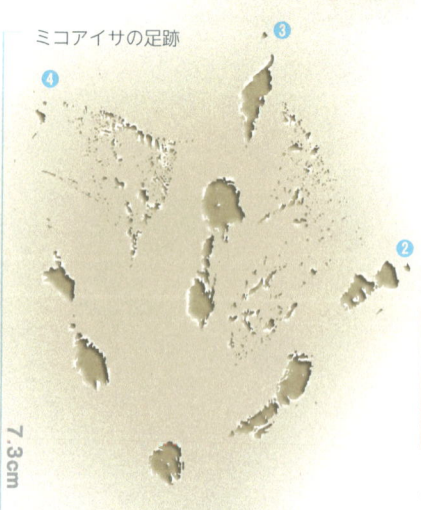

8.5cm

❶ ホオジロガモの足跡

ミコアイサの足跡

7.3cm

ミコアイサ
Mergus albellus

カモ科。42cm。
冬鳥。
湖沼・大きな川・入り江。

カモのなかま

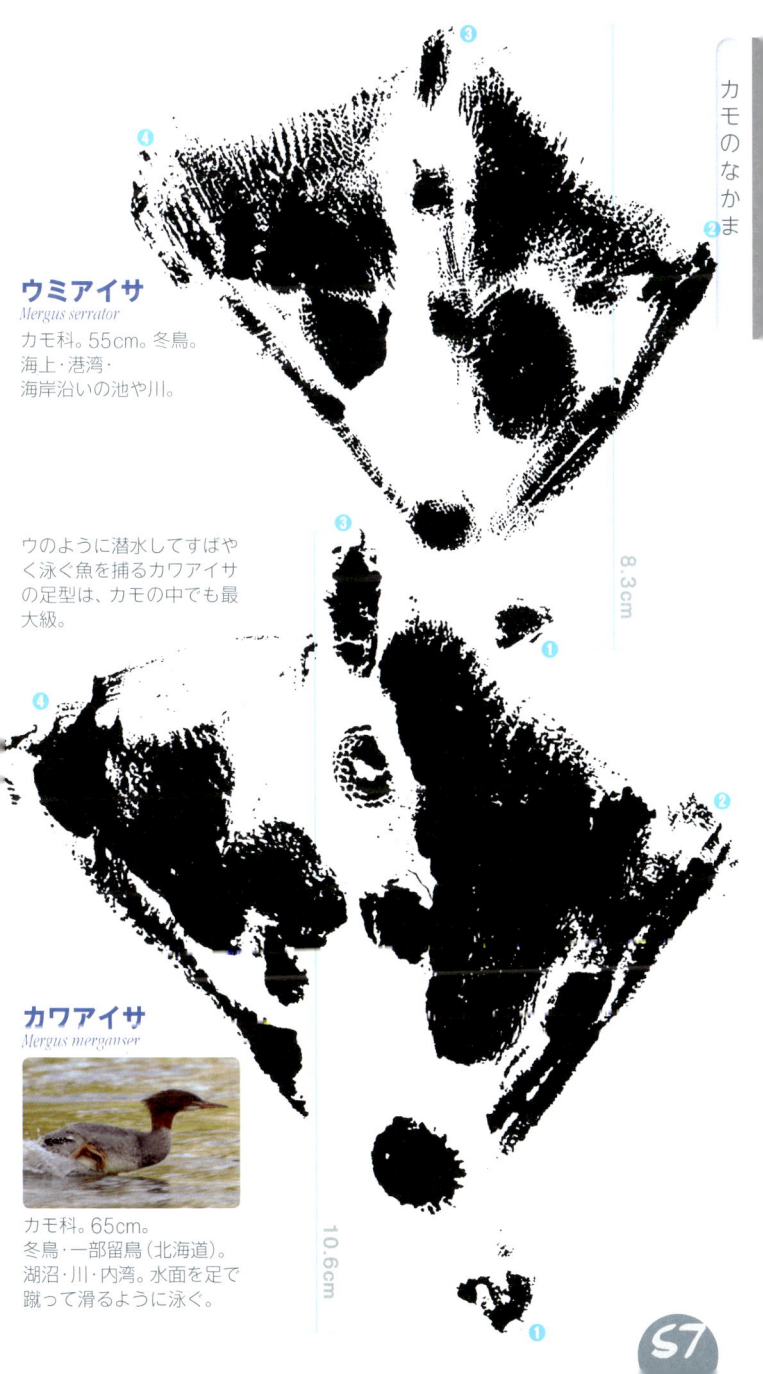

ウミアイサ
Mergus serrator
カモ科。55cm。冬鳥。
海上・港湾・
海岸沿いの池や川。

8.3cm

ウのように潜水してすばやく泳ぐ魚を捕るカワアイサの足型は、カモの中でも最大級。

カワアイサ
Mergus merganser

カモ科。65cm。
冬鳥・一部留鳥（北海道）。
湖沼・川・内湾。水面を足で蹴って滑るように泳ぐ。

10.6cm

S7

ワシタカのなかま

ワシタカのなかま

三前趾足・鉤爪。つかんだり、蹴ったりする足で、各趾に鋭く湾曲した鉤爪をもつ。獲物をつかむために、後ろ側の第1趾も太いしっかりした趾になっている。足跡を見つける機会は少ないが、雪上での狩り跡などに足跡がついていることがある。

オオワシ
Haliaeetus pelagicus

タカ科。
♂88cm・♀102cm。
冬鳥。海岸・湖沼・内湾。

体も足型もメスのほうがオスより大きい。この足型はメスのもの。

鋭い鉤爪で羽づくろいをするオオワシ♀

アカハラダカ
Accipiter soloensis

タカ科。
♂30cm・♀33cm。
旅鳥(主に九州)。
海岸などを通過。

5.4cm

ツミ(p.64)よりも体は大きいが
足は小さく、オスの足型は
日本のタカでは最小。

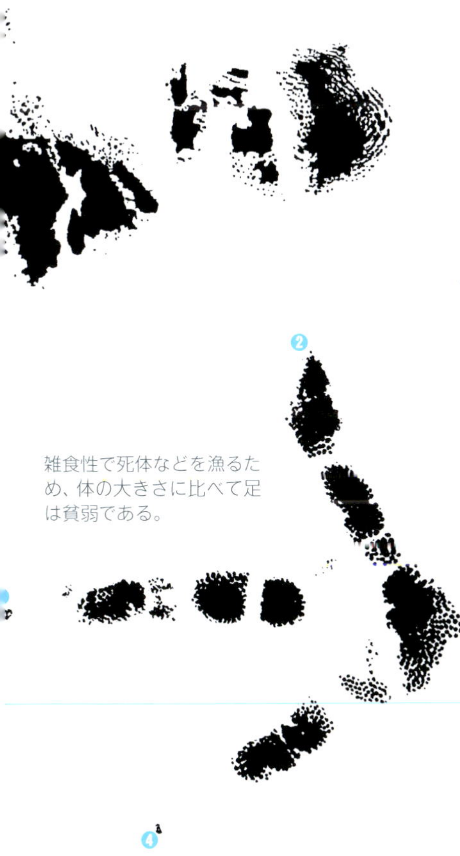

19.4cm

トビ
Milvus migrans

タカ科。
♂59cm・♀69cm。
留鳥。
海岸・湖沼・河川・市街地。

雑食性で死体などを漁るため、体の大きさに比べて足は貧弱である。

10.3cm

ワシタカのなかま

ワシタカのなかま

●最大・最強の足

イヌワシの足型は、体の大きなオオワシ（p.58）よりかなり大きい。イヌワシは魚食中心の海ワシに比べ、ノウサギやヤマドリを狩る山ワシにふさわしい強力な足をもっている。

イヌワシ
Aquila chrysaetos

タカ科。
♂81cm・♀86cm。
留鳥。山地。

イヌワシもメスのほうが大きく、メスは日本の猛禽類で最強の足をもち、足型も最大である。

♀ 22.5cm

❸

鉤爪もオオワシやオジロワシなど海ワシよりひと回り長く、つかんだ獲物に食い込んで離さない。

❹ ←オスの第4趾

♂ 18.3cm

❸

❷
↑メスの第2趾

ワシタカのなかま

ワシタカのなかま

●食性の違い

哺乳類や鳥類を狙うクマタカの趾に比べ、爬虫類、両生類、昆虫を主食にしているハチクマ、サシバ、カンムリワシの趾は細い。

クマタカ
Spizaetus nipalensis

タカ科。
♂72cm・♀80cm。
留鳥。山地。

獲物をつかんで離さないよう鉤爪も長く湾曲している。

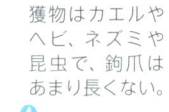

獲物はカエルやヘビ、ネズミや昆虫で、鉤爪はあまり長くない。

17.5cm

8.1cm

サシバ
Butastur indicus
タカ科。
♂47cm・
♀51cm。
夏鳥。
低地から山地。

ハチクマ

Pernis ptilorhyncus
タカ科。
♂57cm・♀61cm。
夏鳥。山地。

蜂の巣を掘り出すために湾曲した鉤爪が発達し、細長い趾で蜂の巣をつかむことができる。

ワシタカのなかま

10.2cm

12cm

爬虫類、両生類を好み、カニや昆虫も食べる。獲物は足で押さえつけて食べる。

カンムリワシ

Spilornis cheela
タカ科。55cm。
留鳥（西表島・石垣島）。
低地から山地。

ワシタカのなかま

● タカいろいろ

昔から鷹狩(たかがり)のタカといえばオオタカを指し、里山など人里近くでも繁殖している。同属のハイタカ、ツミ、それにノスリやチュウヒも代表的なタカであり、獲物を足でつかむ。

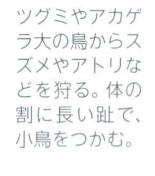

ハイタカ
Accipiter nisus

タカ科。
♂32cm・♀39cm。
標鳥。
平地から山地。

ツグミやアカゲラ大の鳥からスズメやアトリなどを狩る。体の割に長い趾で、小鳥をつかむ。

※佐渡で野生復帰したトキを襲った猛禽の正体は、雪上に残された足跡をこの足型と比較し、ほぼオオタカであろうと推測した。

哺乳類、鳥類を中心に狩る。

オオタカ
Accipiter gentilis

タカ科。
♂50cm・♀57cm。
留鳥。平地から山地。

市街地でも繁殖し、スズメや昆虫を足でつかんで狩る。

ツミ
Accipiter gularis

タカ科。
♂27cm・♀30cm。
留鳥・漂鳥。
平地から山地。

10.6cm
11.5cm
7.2cm

64 ※ハイタカ属3種の足型はすべてメスのもの。

ネズミ、ヘビ、カエル、昆虫が主食で、体の割に足型は小さい。

ノスリ
Buteo japonicus
タカ科。
♂52cm・
♀57cm。
留鳥。
平地から山地・草原・農地。

10.2cm

アシ原などでネズミやヘビを狩り、体の割に長い趾をもっている。

13.8cm

チュウヒ
Circus spilonotus

タカ科。
♂48cm・♀58cm。
冬鳥・一部留鳥。
畑・干拓地・湖沼。

ワシタカのなかま

●魚を捕るタカ

ミサゴの足はフクロウと同じ可変対趾足である。基本構造は三前趾足だが、魚をつかんだり、枝にとまったりするときは対趾足になる。

足の裏に乳頭突起が発達し、ぬるぬるした魚でも足裏にべっとりとくっつかない。

※ミサゴの足裏をイメージできない人は、ご飯がつかないように表面をボツボツ加工したシャモジを思い浮かべてほしい。見た目も触った感触もそっくりだ。

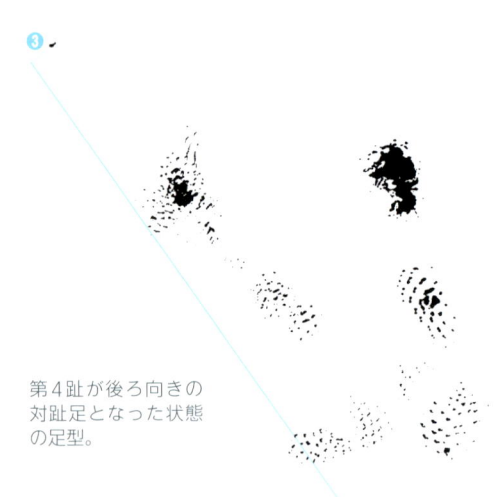

第4趾が後ろ向きの対趾足となった状態の足型。

11.4cm

ミサゴ
Pandion haliaetus
タカ科。
♂58cm・♀60cm。
留鳥・漂鳥。
海岸・河口・湖沼。

ワシタカのなかま

ハヤブサのなかま

最近では、ハヤブサはタカよりオウム目やスズメ目の鳥に近縁とされるが、足は鋭い鉤爪のある三前趾足で、獲物を空中でつかみ、時には蹴り落とすなど、タカと同じ機能をもつ。

ハヤブサ
Falco peregrinus
ハヤブサ科。
♂41cm・
♀49cm。
留鳥・漂鳥。
海岸・河口・
湖沼畔・原野。

カモ大から小鳥まで、空中で鳥をつかんだり、蹴ったりして捕える。

チゴハヤブサ
Falco subbuteo
ハヤブサ科。
♂34cm・♀35cm。
夏鳥。平地や高原に接する林。

小鳥だけでなく、飛んでいるトンボもつかんで捕える。

チョウゲンボウ
Falco tinnunculus
ハヤブサ科。
♂33cm・♀39cm。
留鳥・漂鳥。草原・畑・川沿いの断崖・市街地。

地面でネズミやバッタをつかみ、時には小鳥も捕らえる。

キジのなかま

三前趾足。歩き、ひっかく足。爪は丸爪で、地面をひっかいて土や落ち葉をかき分け、餌を探す。つかむより歩くことが優先なので、後ろ側の第1趾は短い。

※キジとニワトリの足型はすべてオスのもの。

キジのオス(上)とメス(下)

キジ
Phasianus versicolor
キジ科。
♂80cm・♀60cm。
留鳥。平地から山地・草原・農地・疎林。

8.3cm

雪上やぬかるんだ地面で足跡を見つけることができる。北海道に生息する大型のコウライキジは、足型も少し大きく8.5cmほど。

6.5cm

ニワトリの祖先は熱帯アジアのキジのなかまのヤケイだから、足型もキジとそっくりだ。

桂矮鶏(チャボ)
Gallus gallus var. domesticus
体は小さなチャボだが、足型はキジ並みである。

烏骨鶏（ウコッケイ）
Gallus gallus var. domesticus

ウコッケイは多趾遺伝子をもっており、趾が5本以上ある。

キジのなかま

❸

❷

❹

❶の2

7.6cm

❸

第1趾が2つに分かれている。 ❶の1

❷

ウコッケイの5本指。

軍鶏（シャモ）
Gallus gallus var. domesticus

大型のシャモは足型も巨大だ。チャボのオスの平均体重730gに対し、シャモのオスは平均5,600gで約8倍もある。

14.1cm

❶

69

キジのなかま

オスとメスの全長の差は尾の長さの差だが、足型もオスのほうが大きい。

ヤマドリ
Syrmaticus soemmerringii

キジ科。
♂125cm・♀55cm。
留鳥。平地から山地の森林。

♀ 7.6cm

♂ 9.2cm

足型はキジより大きい。この足型は亜種シコクヤマドリのもの。

開けた場所を好むキジに比べ、林内からあまり離れないので足跡は見つけにくいが、冬季は山地の雪上で観察できる。

キジのなかま

コジュケイ
Bambusicola thoracicus

ヒナ　成鳥

キジ科。27cm。
留鳥。低地から低山のやぶ。
ヒナの足型は、孵化後すぐに巣を出る早成性の鳥らしく成鳥のしっかりしたミニュチアである。

4.8cm / 2cm

ウズラ
Coturnix japonica

キジ科。20cm。旅鳥。
低地から山地の草原・農地。

野生種 3.3cm　家禽 3.6cm

野生のウズラに比べ家禽のウズラのほうが、足型は少し大きい。

キジ科の鳥のオスは、剣状のけづめをもつが、ミフウズラのオスにはない。

ミフウズラ
Turnix suscitator

ミフウズラ科。14cm。
留鳥(南西諸島)。農地・草原。

2.5cm

足型もウズラに似るが、三趾足で第1趾を欠く。

外見からウズラの名がついているが、ツル目ミフウズラ科に分類され、最近では同じ一妻多夫のレンカクやタマシギの近縁と考えられている。

右　左　右　左
ミフウズラの足跡

高山の鳥

ライチョウの足は、夏は固い地面を歩き、砂や土をかき、冬は雪上を歩き、雪をかいて餌を探し、雪穴も掘る。

ライチョウ
Lagopus mutus
ライチョウ科。37cm。
留鳥。高山（本州中部）。

夏羽　　冬羽

夏も趾の甲に羽はあるが、短いので足型にはつかない。

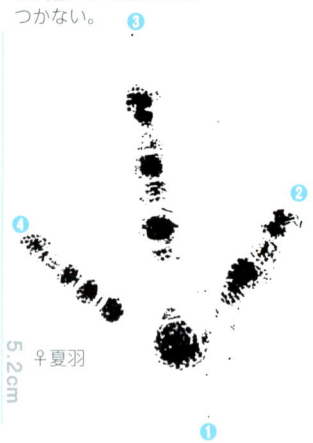

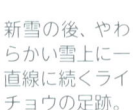

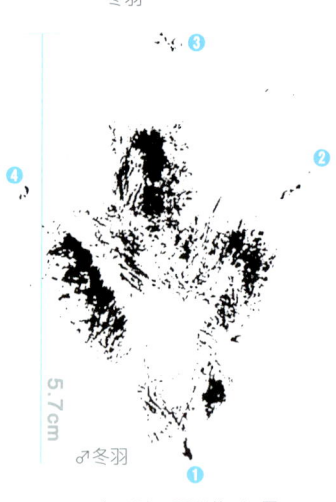

5.2cm　♀夏羽

5.7cm　♂冬羽

新雪の後、やわらかい雪上に一直線に続くライチョウの足跡。

冬は趾の羽が伸び、雪上を歩くときのかんじき効果を発揮する。

羽のはえたライチョウの趾（左）と、くし状突起のあるエゾライチョウの趾

高山の鳥

カヤクグリ
Prunella rubida

イワヒバリ科。13cm。
留鳥・漂鳥。亜高山から高山(夏)。低山(冬)。
イワヒバリに似るが、足型は少し小さい。

3.6cm

イワヒバリ
Prunella collaris

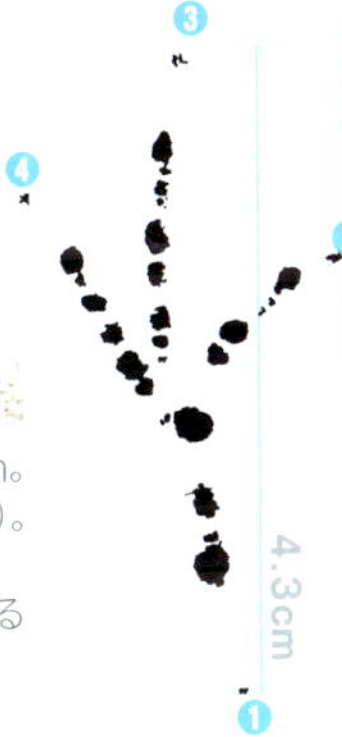

イワヒバリ科。18cm。
留鳥・漂鳥。高山(夏)。
亜高山(冬)。
地上を歩いて採食するしっかりした足。

4.3cm

ホシガラス
Nucifraga caryocatactes

カラス科。35cm。
留鳥・漂鳥。亜高山から高山。足型は第2〜4趾が少し内側に傾いたカラスタイプ。

5.9cm

ギンザンマシコ
Pinicola enucleator

アトリ科。20cm。
漂鳥(北海道)。
夏は高山、冬は低地。
野外で足跡を見ることはないだろう。

4.3cm

エゾライチョウ
Tetrastes bonasia

ライチョウ科。36cm。
留鳥(北海道)。
低地から山地の森林。
くし状突起は、雪上を歩くときに「かんじき」として役立つ。

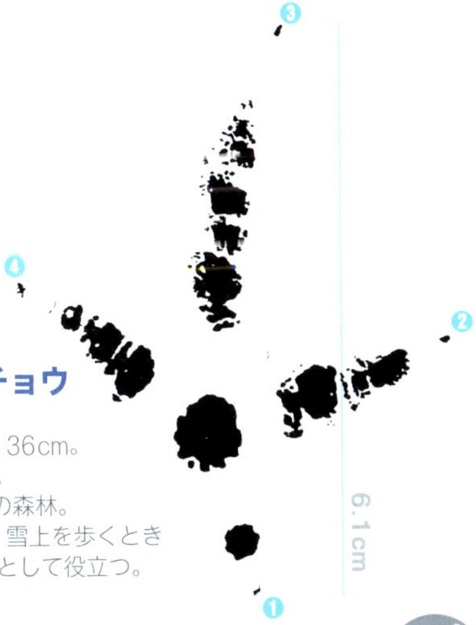

6.1cm

ツルのなかま

三前趾足。
歩く足。前側の第2〜4趾は長く発達し、後ろ側の第1趾は小さい。ツル目には、第1趾を欠く三趾足のものもいる。

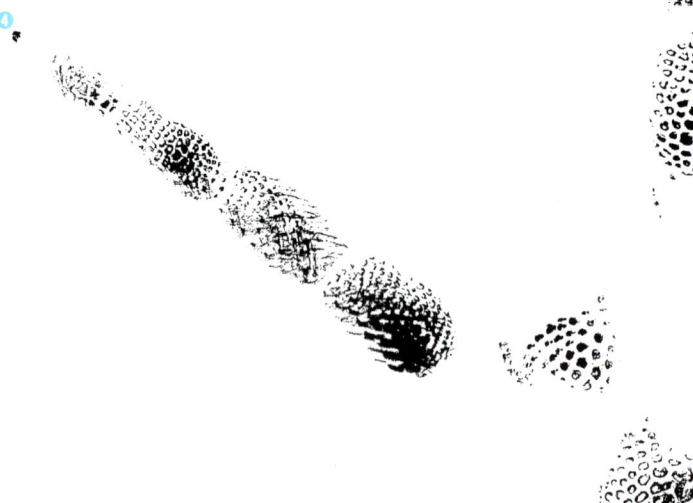

タンチョウ
Grus japonensis
ツル科。140cm。
留鳥（北海道）。
湿原・湖沼畔・農地。

ツルのなかま

第1趾は小さく位置が高いので、サギやコウノトリのようにはっきりと足跡にはつかない。

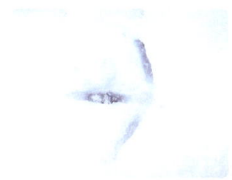

雪上やぬかるんだ地面にはっきりと足跡を残す。

長い足に長い首。趾で頭をかいたり、嘴の汚れを落とす。

オオハクチョウ (p.38) とともに、足型は日本の鳥では最大級。

16.4cm

75

ツルのなかま ❹

マナヅル
Grus vipio

ツル科。120cm。
冬鳥（主に九州）。
干拓地・農地。

体の大きさに比例し、
足型もマナヅルのほうが
ナベヅルより大きい。

ナベヅル
Grus monacha

ツルのなかま

マナヅルとナベヅルの群れ。

ツル科。100cm。
冬鳥（主に九州・四国・中国地方）。干拓地・農地。

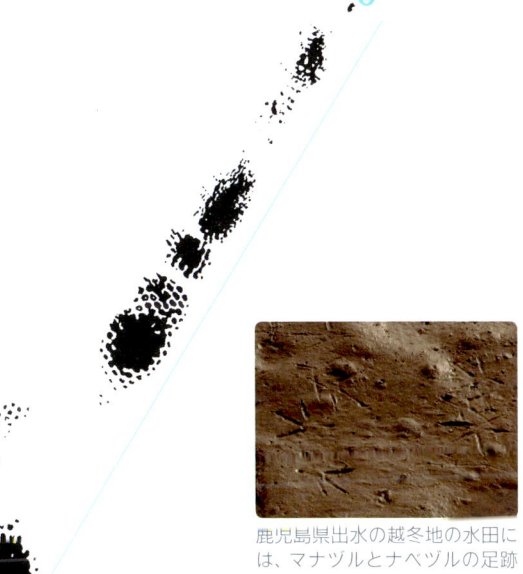

鹿児島県出水の越冬地の水田には、マナヅルとナベヅルの足跡がたくさんついている。

12cm

バンのなかま

弁足や側膜が発達し、歩き、泳ぎ、潜り、水面を蹴る足。長い趾で、ハスやスイレンの葉の上を歩くことができる。

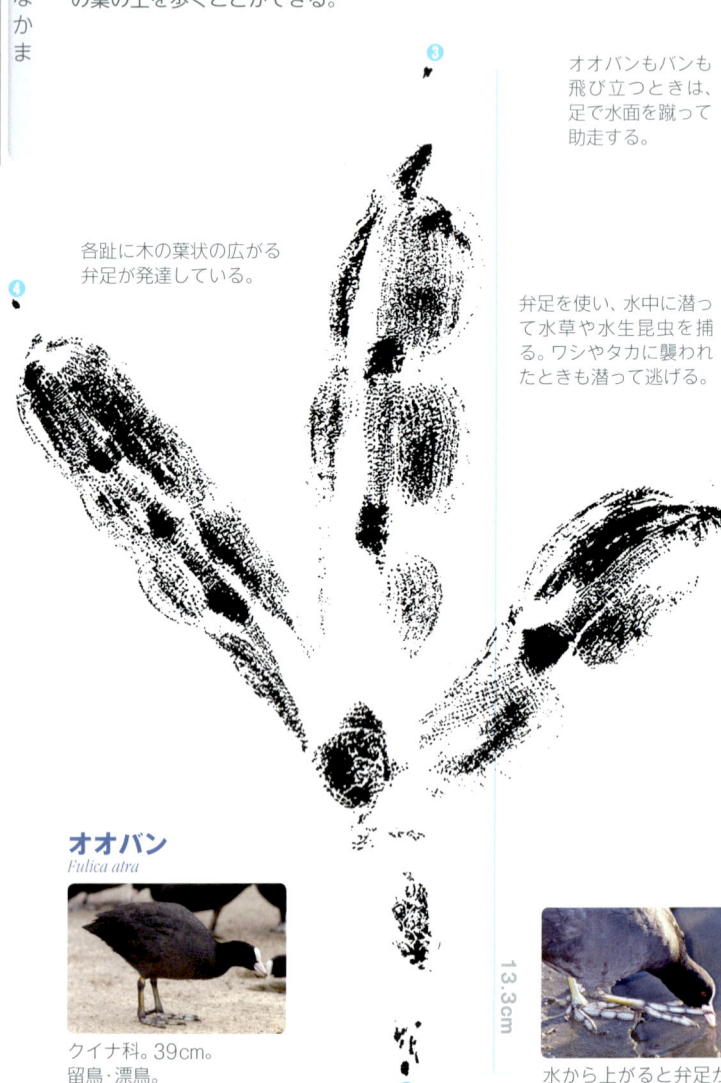

各趾に木の葉状の広がる弁足が発達している。

オオバンもバンも飛び立つときは、足で水面を蹴って助走する。

弁足を使い、水中に潜って水草や水生昆虫を捕る。ワシやタカに襲われたときも潜って逃げる。

13.3cm

オオバン
Fulica atra

クイナ科。39cm。
留鳥・漂鳥。
湖沼・河川。

水から上がると弁足がよくわかる。

バン
Gallinula chloropus
クイナ科。32cm。
留鳥。湖沼・池・水田・
湿地・川。

赤い額板と黄緑色の足が目立つ成鳥。

前側の第2〜4趾だけでなく、後ろ側の第1趾も長く発達し、水草の上を上手に歩く。

第2〜4趾は裏側の縁にひだ状の側膜があり、ハスなどの葉の表面を歩くときに吸盤効果を発揮するようだ。

成鳥　11.4cm

ぬかるみなどには足跡が残っている。

幼鳥　7.8cm

ハスの葉の上を歩く羽色が地味な幼鳥。

バンのなかま

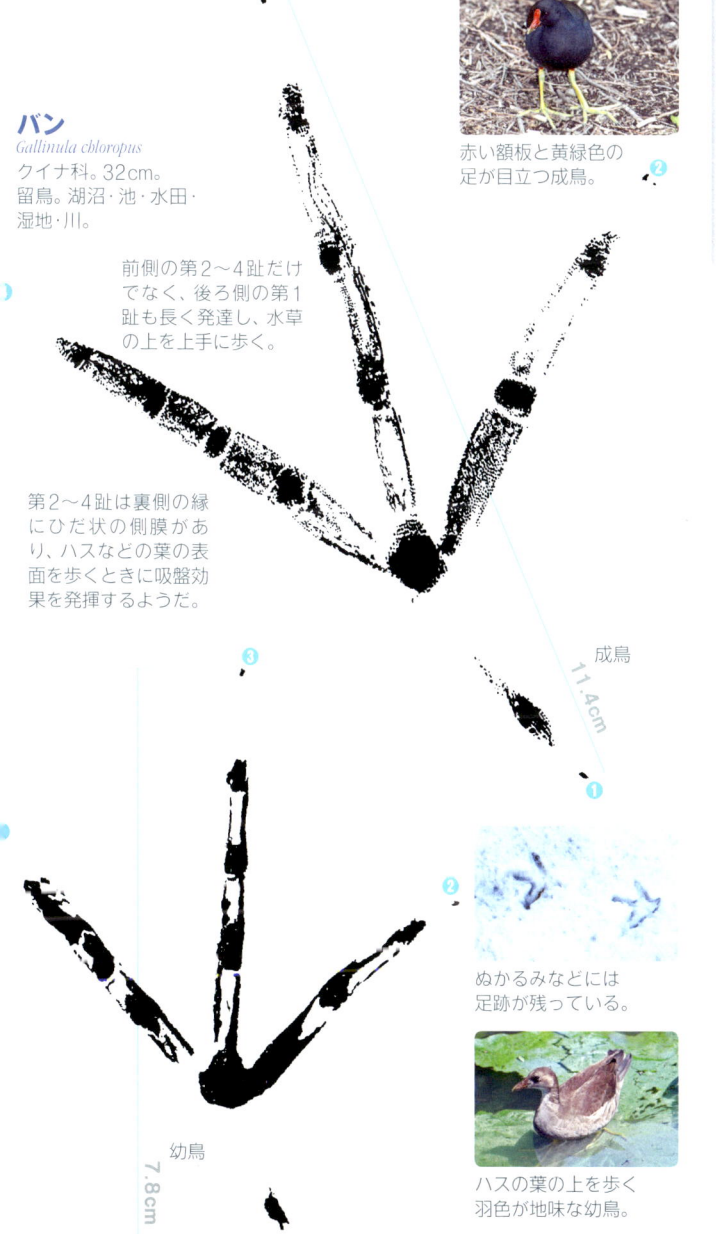

クイナのなかま

クイナのなかま
歩く足で趾は長く、第1趾も発達しており、地面につけて歩く。

ヤンバルクイナ
Gallirallus okinawae

クイナ科。
30cm。
留鳥（沖縄）。
森林・農地。

飛ばない代わりに走るクイナで、飛ぶクイナに比べ、趾は太い。

8cm

シロハラクイナ
Amaurornis phoenicurus

クイナ科。32cm。
留鳥（南西諸島）。
水田や川に近い茂み・マングローブ林。

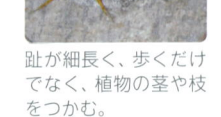

10.6cm

趾が細長く、歩くだけでなく、植物の茎や枝をつかむ。

郵 便 は が き

162-8790

料金受取人払郵便

牛込支店承認

2042

差出有効期間
平成25年
1月30日まで

東京都新宿区
西五軒町2-5 川上ビル
株式会社
文一総合出版　行

ご住所	フリガナ 〒　　－ 　　　　都道 　　　　府県

	お名前		性別	年齢
	フリガナ			
			男・女	

ご職業		ご趣味	

◆ご記入いただいた情報は，小社新刊案内等をお送りするために利用し，それ以外での利用はいたしません。
◆弊社出版目録の送付（無料）を希望されますか？（する・しない）

鳥の足型・足跡ハンドブック　　　　　　　　　　愛読者カード

平素は弊社の出版物をご愛読いただき，まことにありがとうございます。今後の出版物の参考にさせていただきますので，お手数ながら皆様のご意見，ご感想をお聞かせください。

◆この本を何でお知りになりましたか
 1．新聞広告（新聞名　　　　　　　　）　4．書店店頭
 2．雑誌広告（雑誌名　　　　　　　　）　5．人から聞いて
 3．書評（掲載紙・誌　　　　　　　　）　6．授業・講座等
 7．その他（　　　　　　　　　　　　　　　　　　　　）

◆この本を購入された書店名をお知らせください

（　　　　　都道府県　　　　　　　市町村　　　　　　　書店）

◆この本について（該当のものに○をおつけください）

	不満		ふつう		満足
価　格	∎	∎	∎	∎	∎
装　丁	∎	∎	∎	∎	∎
内　容	∎	∎	∎	∎	∎
読みやすさ	∎	∎	∎	∎	∎

◆この本についてのご意見・ご感想

★小社の新刊情報は，まぐまぐメールマガジンから配信されています。ご希望の方は，小社ホームページ（下記）よりご登録ください。
http://www.bun-ichi.co.jp

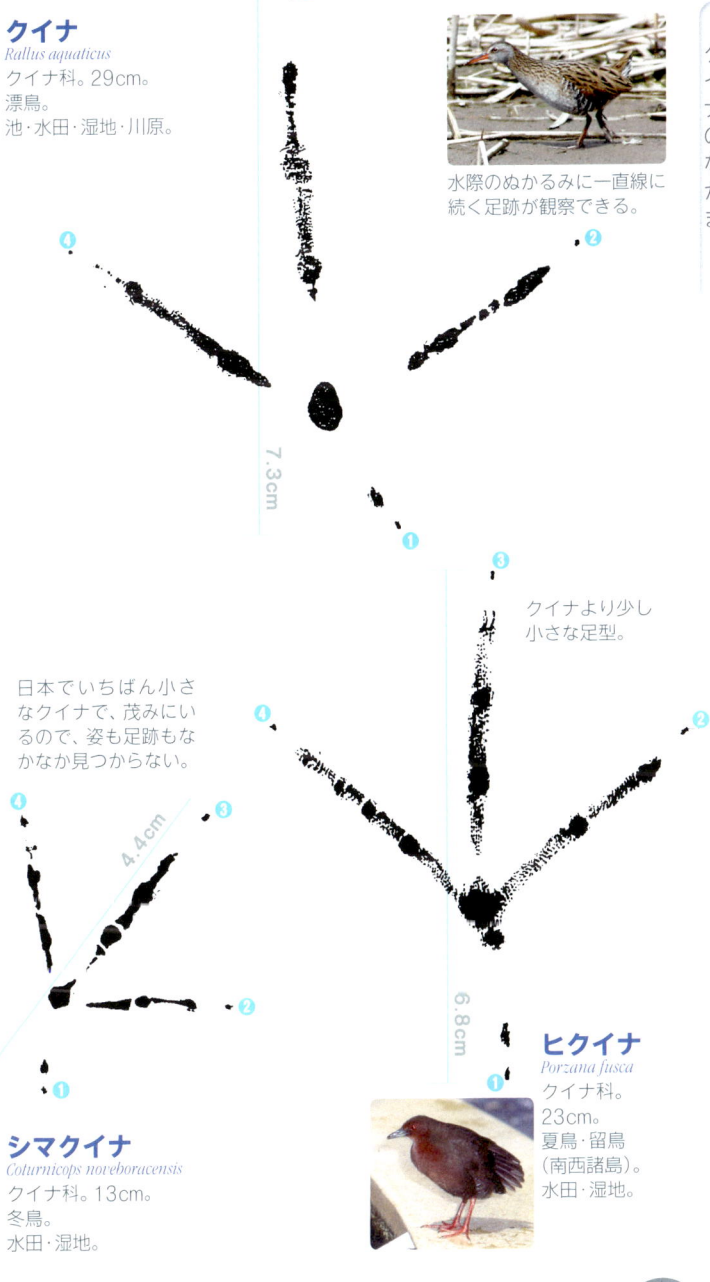

クイナ
Rallus aquaticus
クイナ科。29cm。
漂鳥。
池・水田・湿地・川原。

水際のぬかるみに一直線に続く足跡が観察できる。

クイナのなかま

7.3cm

クイナより少し小さな足型。

日本でいちばん小さなクイナで、茂みにいるので、姿も足跡もなかなか見つからない。

4.4cm

6.8cm

ヒクイナ
Porzana fusca
クイナ科。
23cm。
夏鳥・留鳥
(南西諸島)。
水田・湿地。

シマクイナ
Coturnicops noveboracensis
クイナ科。13cm。
冬鳥。
水田・湿地。

チドリのなかま

三前趾足、三趾足。
チドリ目は日本で記録されているだけでも11科を含む大きな分類群で、さまざまな形態の足が観察できる。三前趾足がふつう。

第1趾はあるが、足跡にはつかない。

ケリの足跡

水田などのぬかるみに足跡を残す。

ケリ
Vanellus cinereus
チドリ科。36cm。
留鳥。水田・川原・草原。

4.3cm

タゲリ
Vanellus vanellus
チドリ科。32cm。
冬鳥。水田・畑。
足型では、第1趾の爪先がどうにか届く。

●大きなチドリ

歩き、走る足で、第1趾は小さいかない。第3〜4趾の間に小さな水かきがあり、第2〜3趾の間にもさらに小さな水かきがある。

チドリのなかま

ダイゼン
Pluvialis squatarola
チドリ科。29cm。
旅鳥・冬鳥。干潟。
第1趾はあるが、
足跡にはつかない。

3.7cm

干潟では足跡がつくので、観察できる。

3.3cm

ムナグロ
Pluvialis fulva
チドリ科。24cm。
旅鳥。水田・畑・
川原・草原。
第1趾を欠く三趾足である。

チドリのなかま

●小さなチドリ
歩き、走る足で、第1趾を欠く三趾足（さんしそく）である。

イカルチドリの足跡

シロチドリ
Charadrius alexandrinus

2.1cm

チドリ科。17cm。
留鳥・漂鳥。
海岸・砂浜・干潟。
ぬかるんだ干潟には
足跡が残る。

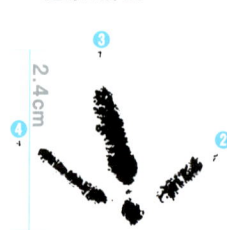

メダイチドリ
Charadrius mongolus

2.5cm

チドリ科。19cm。
旅鳥。干潟・入り江。
干潟で足跡を見つけることができる。

肉球が発達した
趾の裏側。

コチドリ
Charadrius dubius

2.4cm

チドリ科。16cm。
夏鳥・留鳥。
川原・砂浜・干拓地。
川原のぬかるんだ地面で、
足跡を見つけることができる。

ハジロコチドリ
Charadrius hiaticula

チドリ科。19cm。
冬鳥・旅鳥。
干潟・入り江・海辺の水田。趾の裏には肉球が連なり、固い砂利の上を歩くのに適している。第3〜4趾の間に小さな水かきがある。

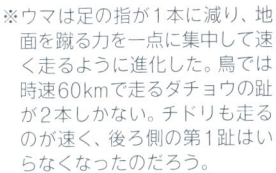

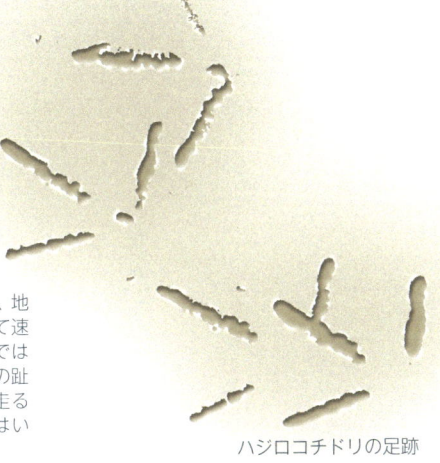

※ウマは足の指が1本に減り、地面を蹴る力を一点に集中して速く走るように進化した。鳥では時速60kmで走るダチョウの趾が2本しかない。チドリも走るのが速く、後ろ側の第1趾はいらなくなったのだろう。

ハジロコチドリの足跡

チドリのなかま

イカルチドリなどの足跡

イカルチドリ
Charadrius placidus

チドリ科。21cm。
留鳥・漂鳥。
河川中流〜上流域の川原。少し走ってはとまり、また方向を変えて走る千鳥足の足跡を探してみよう。

❸ ❹ ❷ 2.8cm

シギのなかま

歩き、走る足。ほとんどのシギは三前趾足で、チドリ類と異なりしっかりした第1趾を地面につけて立ち、ぬかるんだ干潟では第1趾の跡も残る。

ダイシャクシギ
Numenius arquata
シギ科。60cm。
旅鳥・冬鳥。
干潟・海岸に近い水田・干拓地。

7.1cm

※嘴が下側に曲がるシャクシギは、第2～3趾、第3～4趾の間に小さな水かきがある。

チュウシャクシギ
Numenius phaeopus
シギ科。42cm。旅鳥。
干潟・入り江・水田・砂浜。

6.2cm

コシャクシギ
Numenius minutus
シギ科。31cm。
旅鳥。
海岸に近い農地・水田。

4cm

ソリハシシギも第2～3趾、第3～4趾の間に小さな水かきがある。

シギのなかま

トウネン
Calidris ruficollis

シギ科。15cm。旅鳥。
海岸・干潟・河口・水田。
最小のトウネンは足型も最小。

2.4cm

ホウロクシギ
Numenius madagascariensis

シギ科。62cm。
旅鳥。干潟。
最大のホウロクシギは
足型も大きく、趾も太い。

7cm

5.2cm

オオソリハシシギ
Limosa lapponica

シギ科。41cm。
旅鳥。干潟・入り江。

ソリハシシギ
Xenus cinereus

シギ科。23cm。
旅鳥。干潟・干拓地。

3.2cm

オグロシギ
Limosa limosa

シギ科。39cm。
旅鳥。
干潟・入り江・
海岸に近い水田。

5.9cm

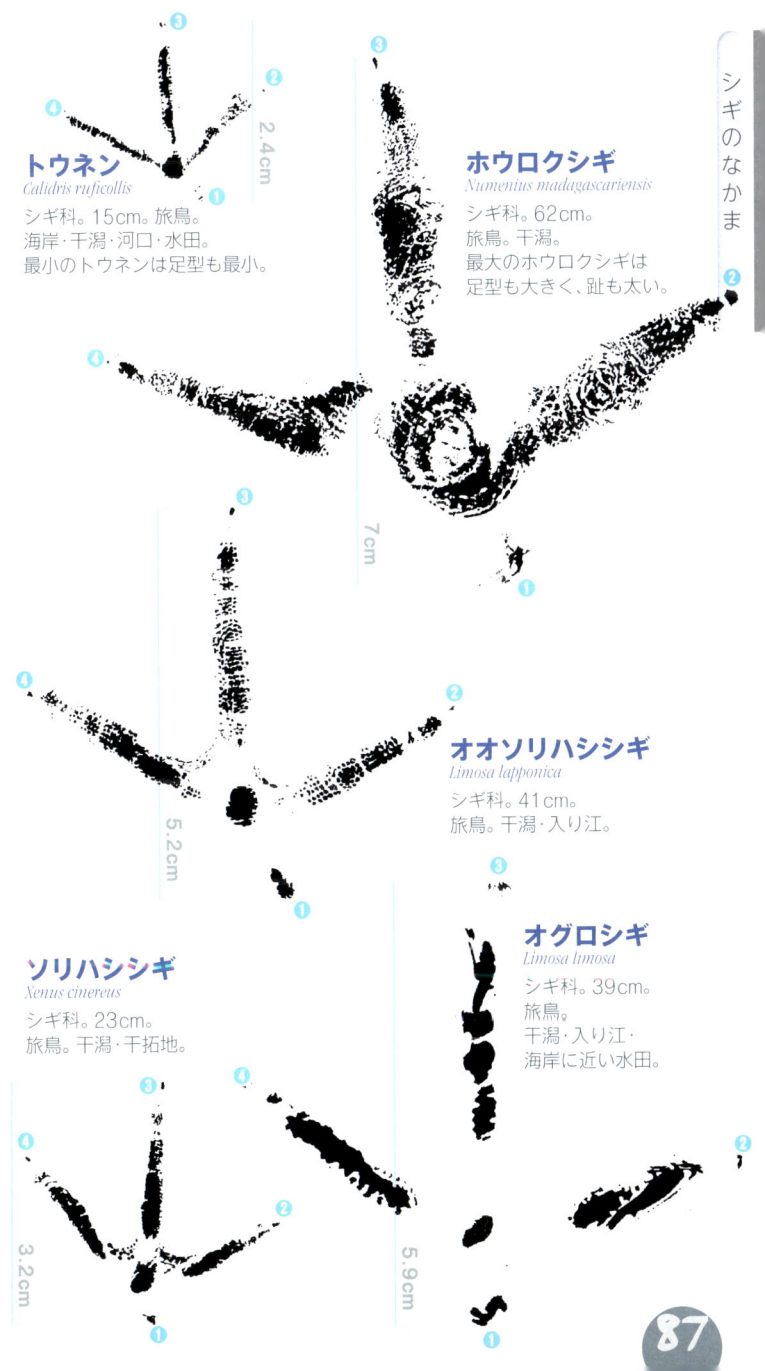

87

シギのなかま

エリマキシギ
Philomachus pugnax

シギ科。
♂32cm・♀25cm。
旅鳥。
水田・入り江。

キアシシギ
Heteroscelus brevipes

シギ科。25cm。旅鳥。干潟・入り江・海岸・河川。川の中流域にも飛来し、川原や中洲のぬかるみに足跡を残す。

4.8cm

3.8cm

黄色い足が特徴的なキアシシギ。

アカアシシギ
Tringa totanus

シギ科。23cm。
旅鳥・留鳥。干潟・干拓地。

3.9cm

元気のよい個体で、動いたので第4趾が二重になってしまった。

ハマシギの足跡

ハマシギ
Calidris alpina

シギ科。21cm。
旅鳥・冬鳥。
干潟・河口・海岸・水田。

3cm

オバシギ
Calidris tenuirostris

シギ科。28cm。旅鳥。
干潟・河口・入り江・海岸。
同じ大きさのシギの中では趾が太い。

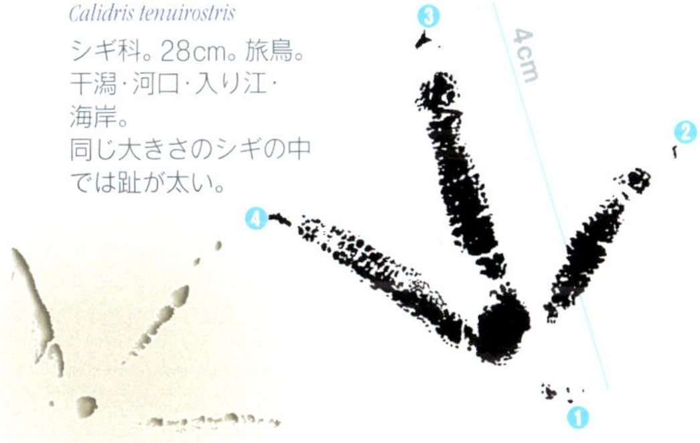

4cm

シギのなかま

※ハマシギは大群で群れるので、干潟のぬかるみなどに足跡がたくさん残る。

ヤマシギ
Scolopax rusticola

シギ科。34cm。
留鳥・漂鳥。
平地から丘陵地の林。

林床の腐葉土の上を歩いて採食するので、ぬかるみがあれば足跡も見つかる。

5.1cm

アマミヤマシギ
Scolopax mira

シギ科。37cm。
留鳥（奄美大島・沖縄諸島）。常緑広葉樹林。
ヤマシギより体も足型もひと回り大きい。

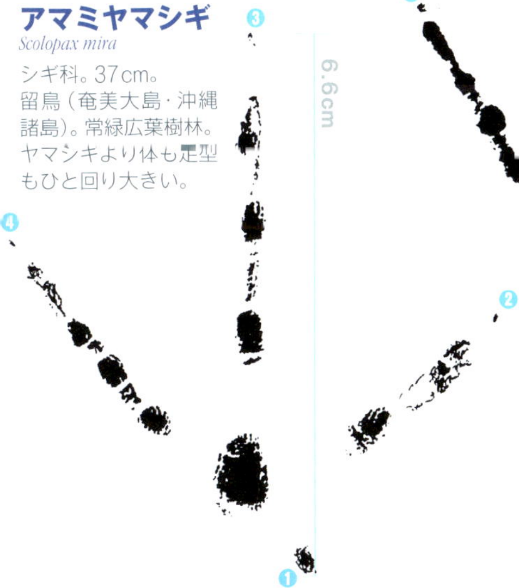

6.6cm

89

シギのなかま

イソシギの足跡

イソシギ
Actitis hypoleucos

シギ科。20cm。
夏鳥・漂鳥。
川原・湖沼畔・海岸。
足跡は直線的で、
第1趾はつかない。

3cm

タシギの足跡

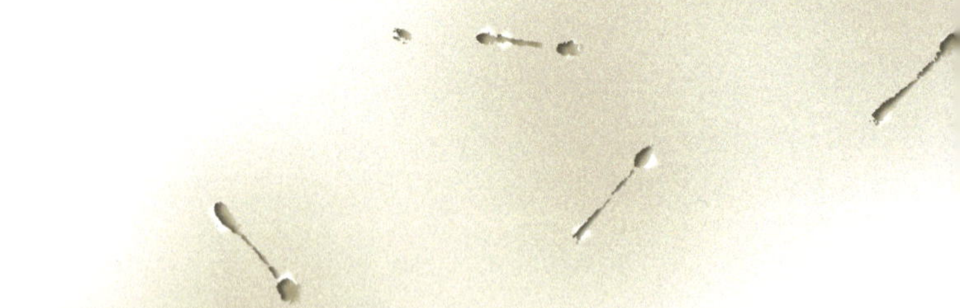

タカブシギ
Tringa glareola

シギ科。22cm。旅鳥。
水田・蓮田・池・湿地・
入り江。

4.3cm

90

シギのなかま

タシギ
Gallinago gallinago

シギ科。26cm。
冬鳥・旅鳥。
水田・蓮田・湿地・川岸。
ぬかるみの足跡には、
第1趾もついている。

ハリオシギ
Gallinago stenura

シギ科。26cm。
冬鳥・旅鳥。
水田・蓮田・湿地。

チュウジシギ
Gallinago megala

シギ科。28cm。
旅鳥。
水田・蓮田・
湿地・川岸。

オオジシギ
Gallinago hardwickii

シギ科。31cm。
夏鳥・旅鳥。
草原・牧草地・農地・
湿地・川岸。

三趾足の鳥

3種は分類上の科は異なるが、第1趾を欠くことで共通する。

ミヤコドリの足跡

浅瀬を赤く長い足で歩きまわって採食するセイタカシギ。

❸ 5.1cm
❹
❷

ミヤコドリ
Haematopus ostralegus
ミヤコドリ科。
45cm。冬鳥・旅鳥。
河口・海岸・磯。

❸ ❷ 1.8cm
❹

ミユビシギ
Calidris alba
シギ科。16cm。
旅鳥・冬鳥。
海岸の砂浜・干潟・入り江。
波打ち際を走り回って餌を採るので、足跡は波にさらわれてすぐに消えてしまう。

セイタカシギ
Himantopus himantopus
セイタカシギ科。
37cm。旅鳥・留鳥。
干潟・水田・蓮田・入り江。
第3～4趾の間に半蹼状の水かきがある。

❸ 4.5cm
❹

特殊な足のシギ・チドリ

趾は太く、第3〜4趾の間に半蹼状の水かきがある。干潟や湿った砂浜に足跡を残す。

特殊な足のシギ・チドリ

チドリ目の鳥には、水かきや弁足、くし爪をもつものがいる。

ソリハシセイタカシギ
Recurvirostra avosetta
セイタカシギ科。43cm。
旅鳥・冬鳥。干潟・入り江。
標準蹼の水かきをもつ。

5.4cm

シギタイプの鳥では珍しく水かきが発達している。ヒナの趾にも水かきがあるのがわかる。

2.2cm

アカエリヒレアシシギ
Phalaropus lobatus
ヒレアシシギ科。19cm。旅鳥。
水田・内湾・港・海上。木の葉状の弁足をもち、第2〜4趾の付け根にも半蹼状の水かきがある。水面下で弁足を使って泳ぎながら、プランクトンや昆虫を捕る。

2.9cm

ツバメチドリ
Glareola maldivarum
ツバメチドリ科。
25cm。旅鳥。
干潟・干拓地。
第3〜4趾の間に小さな水かきがある。
第3趾の爪はくし爪になっている。

93

カモメのなかま

三前趾足・標準蹼。
陸上を歩き、水面では水をかいて泳ぐ足。第2〜4趾の間に標準蹼の水かきがある。

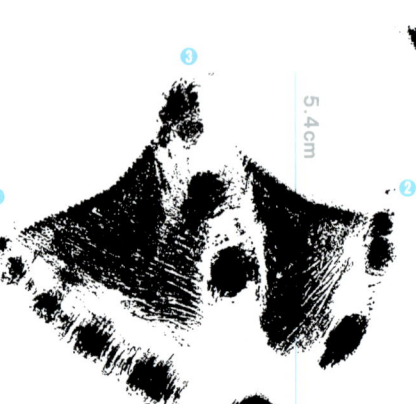

4.5cm

5.4cm

ユリカモメ
Larus ridibundus
カモメ科。41cm。冬鳥。
海岸・内湾・河口・河川。

細いワイヤーなどにも器用にとまる。鮮やかな足の成鳥。

ウミネコ
Larus crassirostris
カモメ科。45cm。
留鳥・漂鳥。
沿岸・内湾・港・河口。

オオセグロカモメ
Larus schistisagus
カモメ科。64cm。留鳥・漂鳥。海岸・内湾・港・河口。
セグロカモメの足型は1cmほど小さい。

7.7cm

カモメのなかま

ミツユビカモメ
Rissa tridactyla

カモメ科。41cm。冬鳥。
ミツユビカモメは第1趾を欠く本当の"三趾鴎"と、第1趾がある"四趾鴎"がいる。

5.6cm

日本で見られるものは、痕跡程度の小さな第1趾のある"四趾鴎"が多い。

5.6cm

カモメ
Larus canus

カモメ科。42cm。
留鳥。海岸・河口。

●アジサシ類

歩くより飛ぶことに
適応しているので足は貧弱だ。

コアジサシ
Sterna albifrons

カモメ科。25cm。
夏鳥。
砂浜・埋立地・海岸・湖沼・濠。

2.3cm

3cm

アジサシ
Sterna hirundo

カモメ科。36cm。旅鳥。
海岸・砂浜・湖沼・川。

2.9cm

セグロアジサシ
Sterna fuscata

カモメ科。41cm。
夏鳥。海上・島。

ウミスズメのなかま

三趾足・標準蹼。
泳ぎ、水面を蹴る足で、水中で舵をとり、長距離を歩くことはない。後ろ側の第1趾を欠き、標準蹼の水かきをもつ。

エトピリカ
Fratercula cirrhata

ウミスズメ科。
39cm。留鳥。
海上・小島(北海道)。
着地のときは大きな赤い足を広げてブレーキとして使う。

※ウミスズメのなかまは翼で泳ぐ。

7.1cm

5.7cm

ウミガラス
Uria aalge

ウミスズメ科。43cm。
留鳥・冬鳥。
海上・島(北海道)。

海岸の崖の岩場に営巣し、採食は海で行うので、足跡を見つけることは難しい。

ウミスズメのなかま

エトロフウミスズメ
Aethia cristatella
ウミスズメ科。24cm。
冬鳥。海上。

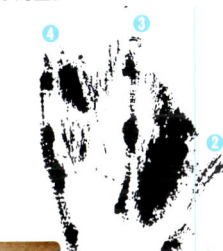

3.5cm

ウミスズメ
Synthliboramphus antiquus
ウミスズメ科。26cm。
冬鳥・留鳥（北海道）。
海上。

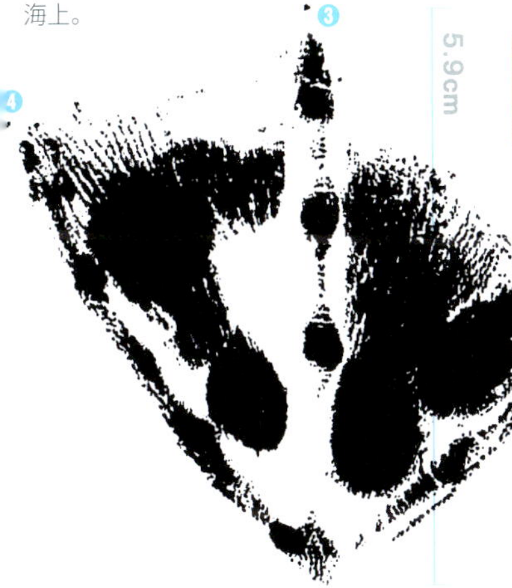

5.9cm

4.2cm

ケイマフリ
Cepphus carbo
ウミスズメ科。
37cm。留鳥。
海上、海岸や島の崖。

トウゾクカモメ
三前趾足・標準蹼。

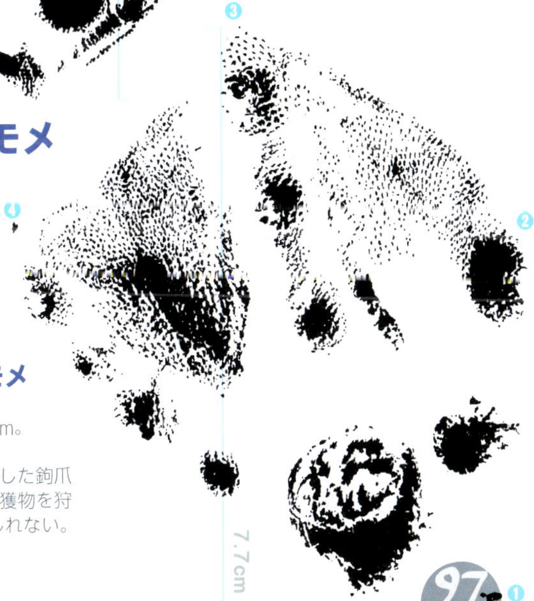

オオトウゾクカモメ
Catharacta maccormicki
トウゾクカモメ科。53cm。
旅鳥。海洋上。
第2趾には、円形に湾曲した鉤爪
が上向きに生えており、獲物を狩
るときに有効なのかもしれない。

7.7cm

97

水・砂の上を歩く足

レンカクは三前趾足で、4本の趾もその先につく爪も長く、スイレンなどの葉の上を、あたかも水の上を歩いているように移動する。

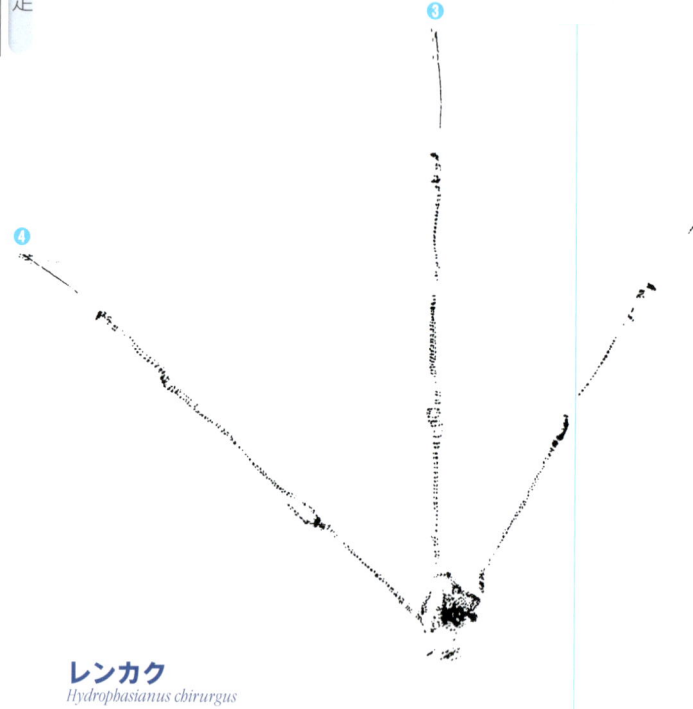

レンカク
Hydrophasianus chirurgus

レンカク科。55cm。旅鳥。
湿地、蓮田・浅い池沼。
体に比べて、最も長い趾をもつ鳥である。

長爪は2.3cmもある。

12.7cm

水・砂の上を歩く足

※サケイとノガンはアジア大陸の砂漠や乾燥地に生息する日本では稀な迷鳥だが、レンカクと対照できるよう掲載した。

※サケイの足型はモンゴルで採取したもの。

2種とも砂の上を歩いても沈まない短く太く、肉球の発達した足。

7cm

2.3cm

ノガン
Otis tarda

ツル目ノガン科。
♂100cm・♀75cm。
迷鳥・冬鳥。農地・草地。
歩き、走るのに適した第1趾を欠く三趾足である。

サケイ
Syrrhaptes paradoxus

ハト目サケイ科。
38cm。迷鳥。砂原・干拓地・草地・川原。
第1趾は小さく、趾の甲に細かい羽が生える。

4.7cm ♂

5.8cm ♀

※タマシギはレンカクやミフウズラと同じ一妻多夫の鳥で、メスのほうが体が大きく派手で、三前趾足の足型も大きい。

タマシギ
Rostratula benghalensis

タマシギ科。24cm。
留鳥・漂鳥。
水田・蓮田・湿地。

ハトのなかま

三前趾足。地面を歩くタイプと枝を握るタイプの足。歩くタイプは第2〜4趾の長さがほぼ等しく、4本の趾を均等に地面につけて歩く。

5cm

キジバト
Streptopelia orientalis

ハト科。33cm。留鳥。低地から山地・農地・市街地。ハトのなかまは、足を左右交互に出すウォーキングで移動する。

キジバトの足跡

左

ドバトの足跡

右

6.2cm

ドバト
Columba livia var. *domesticus*

ハト科。31〜34cm。留鳥。市街地・農地。雨上がりの水たまりから乾いたアスファルト道路を歩いたときに足跡が残る。

カラスバト
Columba janthina
ハト科。40cm。
留鳥。海岸や島の森林。
日本のハトでは一番大きく、足型も大きい。

シラコバト
Streptopelia decaocto
ハト科。32cm。
留鳥(埼玉県・千葉県)。
林・農地。

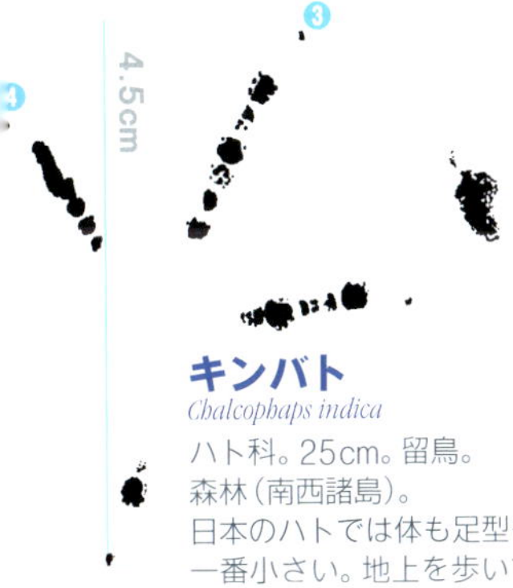

キンバト
Chalcophaps indica
ハト科。25cm。留鳥。
森林(南西諸島)。
日本のハトでは体も足型も一番小さい。地上を歩いて餌を捕るので、やわらかい土の上に足跡が残る。

地上性のハトのように第2〜4趾をいっぱいに広げない。

アオバト
Treron sieboldii 
ハト科。33cm。
留鳥・漂鳥。
森林・海岸の磯。果実や木の実を食べる樹上性で、枝を握る足。

ズアカアオバト
Treron formosae
ハト科。35cm。
留鳥(南西諸島)。森林。

ハトのなかま

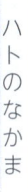

対趾足の鳥

対趾足の鳥

対趾足は枝にとまり、物を握る足。第2趾と第3趾だけが前向きで、第1趾と第4趾は後ろ向き。カッコウやオウムのなかまに見られる。

4.3cm

4.2cm

ホトトギス
Cuculus poliocephalus

カッコウ科。
28cm。夏鳥。
原野・高原・明るい林。

カッコウ
Cuculus canorus

カッコウ科。35cm。
夏鳥。草原・高原・農地・明るい林。
カッコウのなかまは第3趾と第4趾が長く、短い第2趾は第1関節まで第3趾と癒着している。

4.9cm

5.1cm

ツツドリ
Cuculus saturatus

カッコウ科。
33cm。夏鳥。
山地・林・林縁・明るい林。

ジュウイチ
Cuculus fugax

カッコウ科。
32cm。夏鳥。
山地・林。

ワカケホンセイインコ
Psittacula krameri

インコ、オウムのなかまも外側の第3趾と第4趾が長く、内側の第2趾と第1趾が短い対趾足である。握ることに適し、枝に逆さまにぶら下がってとまり、餌をつかんで食べることができる。

カンムリカッコウ
Clamator coromandus

カッコウ科。45cm。
迷鳥(トカラ列島・男女群島)。

ワシミミズク
Bubo bubo

フクロウ科。66cm。
留鳥・迷鳥。森林。
フクロウのなかまは三前趾足にも対趾足にもなる可変対趾足。この足型は三前趾足に近い状態で採取した。

対趾足の鳥

フクロウのなかま

可変対趾足。握る足で、第4趾が前にも後ろにも動く。第4趾を後ろ向きにした対趾足のときは4本の趾が十字に開き、獲物をしっかりと握って逃さない。

キンメフクロウ
Aegolius funereus
フクロウ科。
25cm。
留鳥（稀）。
森林。

3.9cm

シマフクロウ
Ketupa blakistoni

フクロウ科。
70cm。
留鳥（稀）。
森林。

11.1cm

魚食性で、水面下の魚をつかみやすいよう趾には羽がなく、ミサゴ（p.66）と同じように足裏には乳頭突起が発達している。

フクロウのなかま

シロフクロウ
Bubo scandiacus

フクロウ科。60cm。
冬鳥。原野・海岸。
足にびっしり羽が生え、
温かそうな足型の
寒帯のフクロウ。

ミナミメンフクロウ
Tyto capensis

フクロウ科。35cm。
迷鳥。草原。
すっきりした足で足型も涼
しげな熱帯のフクロウ。

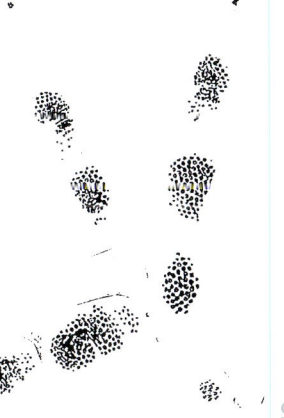

フクロウのなかま

※中型のフクロウ類は足でネズミやモグラをつかみ、小型のフクロウ類は昆虫などもつかんで食べる。

フクロウも羽づくろいには第3趾を使う。

フクロウ
Strix uralensis

フクロウ科。50cm。
留鳥。低地から山地の森林。

8.7cm

トラフズク
Asio otus

フクロウ科。36cm。
留鳥・漂鳥。
林・川原のやぶ。

7cm

6.3cm

アオバズク
Ninox scutulata

フクロウ科。
29cm。夏鳥。
低地から山地の森林・社寺境内林。

体の割に足型は大きく、趾に短い剛毛がまばらに生えている。

106

フクロウのなかま

コミミズク
Asio flammeus

フクロウ科。38cm。冬鳥。
川原・湿地・海岸。

6.6cm

5.3cm

オオコノハズク
Otus lempiji

フクロウ科。
25cm。留鳥・漂鳥。
低地から山地の林。

3.3cm

コノハズク
Otus scops

フクロウ科。
20cm。
夏鳥。森林。

4.5cm

リュウキュウコノハズク
Otus elegans

フクロウ科。20cm。
留鳥(南西諸島)。森林

107

キツツキのなかま

外対趾足と三趾外対趾足。樹木に垂直にとまることができる足。基本は対趾足だが、外側の第4趾を上下に動かせる。第4趾を上げた外対趾足で垂直移動し、下げた対趾足で枝にとまる。

ノグチゲラ
Sapheopipo noguchii
キツツキ科。31cm。
留鳥（沖縄北部）。
森林。

クマゲラ
Dryocopus martius
キツツキ科。46cm。
留鳥（北海道・東北北部）。
森林。
日本最大のキツツキで足型も大きい。

アオゲラ
Picus awokera 
キツツキ科。
29cm。留鳥。
低地から山地の森林。

ヤマゲラ
Picus canus
キツツキ科。30cm。
留鳥（北海道）。森林。

キツツキのなかま

オオアカゲラ
Dendrocopos leucotos

4.6cm

キツツキ科。28cm。留鳥。山地の森林。

第4趾を水平に上げた外対趾足になった足。

アカゲラ
Dendrocopos major

3.8cm

キツツキ科。24cm。留鳥。低地から山地の森林。

水浴びに地面に降りたアカゲラ。対趾足でホッピングする。

コゲラ
Dendrocopos kizukis

3.4cm

キツツキ科。15cm。留鳥。低地から山地の林・市街地の公園。日本では体も足型も最少のキツツキ。

ミユビゲラ
Picoides tridactylus

3.6cm

キツツキ科。22cm。留鳥（北海道・稀）。森林。第1趾が退化し、幹を登るときは第4趾を水平方向に上げた三趾外対趾足の状態になる。

アリスイ
Jynx torquilla

4.4cm

キツツキ科。18cm。漂鳥。明るい林。足型からもアリスイはキツツキのなかまであることがわかる。

109

カワセミのなかま

合趾足。とまる足で、握ったりつかんだりするのには向いてない。三前趾足だが、前側の3本の趾になんらかの癒着が見られる。

カワセミ
Alcedo atthis
カワセミ科。17cm。
留鳥。池・川・湖沼。
カワセミ科の第3趾と第4趾は長く大部分が癒着し、第2趾は短く基部で第3趾と癒着している。

ヤマセミ
Megaceryle lugubris
カワセミ科。38cm。
留鳥。山地の渓流・湖沼

アカショウビン
Halcyon coromanda
カワセミ科。27cm。
夏鳥。森林・渓流。

ヤツガシラ
Upupa epops
ヤツガシラ科。26cm。旅鳥。
農地・草原・芝生。
第3趾と第4趾は第1関節が癒着しているが第2趾は離れている。

アマツバメなどのなかま

ブッポウソウ
Eurystomus orientalis

前側3本の第2〜4趾が基部で癒着し、第4趾は向きを変えることができない。

5cm

ブッポウソウ科。30cm。
夏鳥。川や湖に近い林。

アマツバメ

皆前趾足。垂直な崖に爪を引っかけてとまる足で、趾は4本とも前向き。

2.4cm

3.2cm

ヨタカ

三前趾足。平らな場所にとまる足。

ヨタカ
Caprimulgus indicus

ヨタカ科。29cm。夏鳥。
低山から山地・明るい林・林縁・原野。
第2〜4趾の基部には狭い膜があり、第3趾の爪はくし爪である。

ヒメアマツバメ左足の裏側

ヒメアマツバメ
Apus affinis

アマツバメ科。13cm。
留鳥。市街地。
鉄道の高架下などの垂直な壁に巣を作り、4本の前向きの爪を引っかけるようにとまる。

2.2cm

アマツバメ
Apus pacificus

アマツバメ科。20cm。
夏鳥。高山・海岸。

スズメ目の鳥

三前趾足。第1趾も含め4本の趾のバランスがいい。日本でも32科210種が記録され、つかみ、握り、とまり、歩き、走る足の役割は科ごとに機能差がある。

ヒバリのなかま

歩く足で爪が長く、特に第1趾は長爪である。

ハマヒバリ
Eremophila alpestris

ヒバリ科。16cm。
迷鳥。
埋立地・海岸・河口。
稀な冬鳥で、この足型はモンゴルで採取。

3.7cm

ヒバリの足跡

ヒバリ
Alauda arvensis

ヒバリ科。17cm。
留鳥・漂鳥。
畑・川原・草原。
畑や川原のぬかるみにウォーキングの足跡がつく。

4.8cm

ヤイロチョウ

歩き、林床をかく足で、趾は長く、第1趾の爪が長い。

ヤイロチョウ
Pitta nympha

ヤイロチョウ科。
18cm。夏鳥。森林。
落ち葉や腐葉土を足でかいて餌を探す。ぬかるみを歩けば足跡は残る。

6.2cm

岩の上でさえずるヒバリ。

ツバメのなかま

とまり、つかまる足。飛翔力にすぐれ、歩いたり走ることは得意でなく、足は貧弱である。

※ツバメのなかまは体が軽く足も小さいので、足跡はほとんどつかない。

ツバメ
Hirundo rustica

ツバメ科。17cm。夏鳥。
村・町・都会・農地・川・アシ原。
巣材用の泥集めに、
ぬかるんだ地面に降りる。

2.6cm

リュウキュウツバメ
Hirundo tahitica

ツバメ科。13cm。
留鳥（南西諸島）。
海に近い農地・集落・河口。
よく地面に降りる。

2cm

コシアカツバメ
Hirundo daurica

ツバメ科。19cm。夏鳥。
海岸から山地・町・農地。
体も足型も日本のツバメで
一番大きい。

2.8cm

イワツバメ
Delichon urbica

ツバメ科。13cm。夏鳥。
低山・山地・温泉地。
巣材集めに川岸や湖岸に降りる。

2.2cm

ショウドウツバメ
Riparia riparia

ツバメ科。13cm。
夏鳥（北海道）・旅鳥。
原野・湖沼・川。

2.4cm

セキレイのなかま

枝や石にとまり、地面を歩く足で、ウォーキングで移動する。

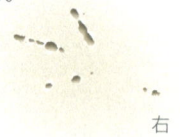

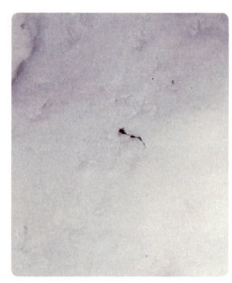

右

セグロセキレイの足跡。

ビンズイ
Anthus hodgsoni

セキレイ科。16cm。
夏鳥・漂鳥。
高原・山地の明るい林。
地上近くに巣を造り、
よく地面を歩く。

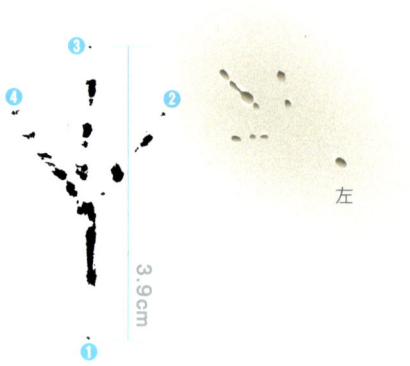

3.9cm

左

タヒバリ
Anthus spinoletta

セキレイ科。16cm。冬鳥。
川原・水田・河口・海岸。

4.1cm

キセキレイ
Motacilla cinerea

セキレイ科。20cm。
留鳥・夏鳥(北海道)。
川・池・湖沼。
採食する水辺の泥地に
足跡がつく。

ハクセキレイ
Motacilla alba

セキレイ科。21cm。
留鳥・漂鳥。
川・河口・水田・市街地。
冬季、駅前の樹木などに群れでねぐらをとるが、ねぐらでは地面に降りない。

※都会の公園などでもアスファルトの上にぬれた足跡を見つけることができる。

4cm

3.7cm

セグロセキレイ
Motacilla grandis

セキレイ科。21cm。
留鳥。内陸の水辺。
川原の乾いた石の上などに、ぬれた足跡がつく。

キセキレイの足跡

3.2cm

4.1cm

ツメナガセキレイ
Motacilla flava

セキレイ科。17cm。旅鳥。
農地 放牧地 川原 水田。
第1趾の爪は長爪で、ほかのセキレイの倍ほどある。

キセキレイの足型

セキレイのなかま

モズのなかま

つかみ、握る足。バッタやトカゲなどの小動物を捕まえるときは地面に降りるが、足跡はほとんどつかない。

モズ
Lanius bucephalus

モズ科。20cm。
留鳥・漂鳥。平地から山地・開けた茂み・農地。
やわらかい土や雪上に足跡を見つけることができるかもしれない。

4.2cm

アカモズ
Lanius cristatus

モズ科。20cm。夏鳥。
低山から山地の明るい林・林縁。
この足型は南西諸島などの旅鳥、亜種シマアカモズのもの。

4.2cm

チゴモズ
Lanius tigrinus

モズ科。18cm。夏鳥。
丘陵地から山地の林・農地。
日本で記録されているモズでは、体も足型も最小。

3.8cm

オオカラモズ
Lanius sphenocercus

モズ科。31cm。少ない冬鳥。農地・干拓地。
日本で記録されているモズでは、体も足型も最大。

4.4cm

オオモズ
Lanius excubitor

モズ科。25cm。
少ない冬鳥。
草原・農地・干拓地。

4.1cm

タカサゴモズ
Lanius schach

モズ科。25cm。
迷鳥。農地・林縁。

4.4cm

渓流を歩く鳥

カワガラスは水中でも歩ける歩く足。ミソサザイは水辺の枝にとまり、石伝いに歩く足。

ミソサザイ
Troglodytes troglodytes

ミソサザイ科。11cm。留鳥。渓流・谷沿いの林。

3.3cm

ミソサザイの足跡

左

体の割に大きな足型で歩幅も広いが、体が軽い上、足跡のつきにくい環境にいるので、野外で足跡を見つけることは難しい。

右

カワガラスの足跡

左　5.4cm　右

左

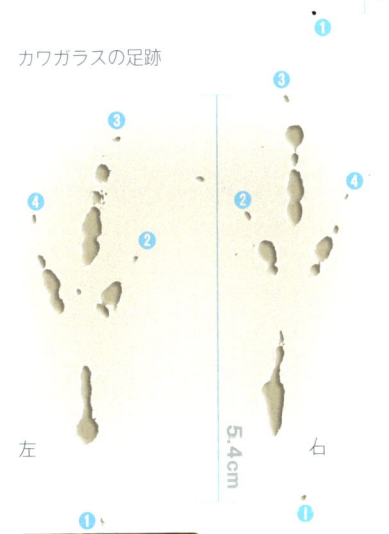

カワガラス
Cinclus pallasii

カワガラス科。22cm。留鳥。山地の渓流。乾いた石や雪上に足跡を見つけられる。

右

ヒタキとコマドリ

枝にとまる足。地面を歩くこともあるが、体は軽く足跡はほとんどつかない。

※写真はすべてオス。

オオルリ
Cyanoptila cyanomelanai

ヒタキ科。16cm。
夏鳥。
丘陵地から山地の林。

キビタキ
Ficedula narcissina

ヒタキ科。14cm。夏鳥。
山地の森林。

ムギマキ
Ficedula mugimaki

ヒタキ科。
13cm。
旅鳥。
海岸や
山麓の林。

コサメビタキ
Muscicapa dauurica

ヒタキ科。
13cm。
夏鳥。
山地の森林。

サンコウチョウ
Terpsiphone atrocaudata

カササギヒタキ科。
♂45cm・
♀18cm。
夏鳥。
丘陵地から
山地の林。

ヒタキとコマドリ

コマドリ
Erithacus akahige
ツグミ科。14cm。
夏鳥・留鳥。やや高い山地の渓流沿いの林。

4cm

ノゴマ
Luscinia calliope
ツグミ科。15cm。夏鳥。
低地から山地の草原・低木林。

3.4cm

アカヒゲ
Erithacus komadori
ツグミ科。14cm。
留鳥（南西諸島・男女群島）。
森林。

4cm

コルリ
Luscinia cyane
ツグミ科。
14cm。
夏鳥。
山地の
森林。

3.7cm

ルリビタキ
Tarsiger cyanurus
ツグミ科。
14cm。漂鳥。
亜高山の
森林（夏）・
低地（冬）。

2.8cm

ジョウビタキ
Phoenicurus auroreus
ツグミ科。
14cm。
冬鳥。
低地から
山地の農地・
公園・川原。
うっすらと
積もった新雪に
足跡がつく。

3.4cm

ツグミのなかま

地面を歩き、枝にとまる足。ウォーキングでもホッピングでも移動できるしっかりした4本の趾をもつ。

雪の上に残されたツグミの足跡
（ホッピング）

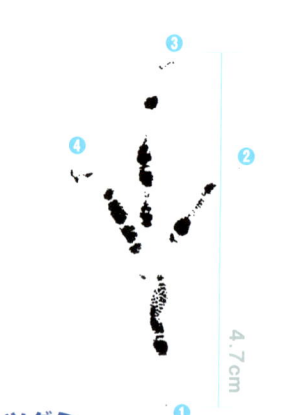

4.7cm

ツグミ
Turdus naumanni

ツグミ科。24cm。
冬鳥。林・農地・川原。
やわらかい畑や雪上に足跡がついている。

ツグミの足跡
（ウォーキング）

クロツグミ
Turdus cardis

ツグミ科。22cm。
夏鳥。山地の森林。
早朝や夕方に水場にあらわれ、ぬかるみに足跡を残すこともある。

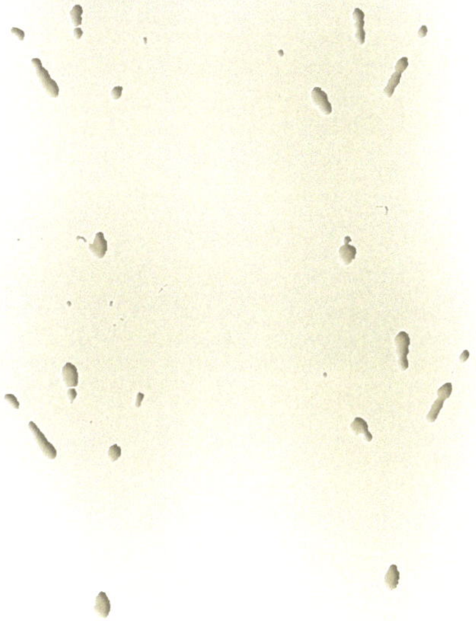

ツグミのなかま

4.9cm

クロツグミの足跡
（ホッピング）

ツグミ類最大の足型で、足跡も雪上などで見ることができる。

6.4cm

5.2cm

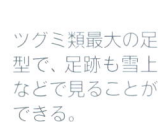

マミジロ
Turdus sibiricus

ツグミ科。23cm。
夏鳥。
低山から亜高山の森林。

トラツグミ
Zoothera dauma

ツグミ科。30cm。
漂鳥・留鳥。
平地から山地の森林。

ツグミのなかま

アカハラ
Turdus chrysolaus

ツグミ科。24cm。
漂鳥・留鳥。
丘陵地から亜高山の林。
雪上で足跡を観察すること
ができる。

4.8cm

マミチャジナイ
Turdus obscurus

ツグミ科。22cm。
旅鳥。低地から山地の
林・農地。

4.9cm

アカコッコ
Turdus celaenops

ツグミ科。23cm。
留鳥（伊豆諸島・トカ
ラ列島）。林・農地。

5.3cm

カラアカハラ
Turdus hortulorum

ツグミ科。
23cm。
旅鳥。
明るい林。

4.5cm

シロハラ
Turdus pallidus

ツグミ科。25cm。冬鳥。
平地から山地の林・公園。

5.4cm

122

ツグミのなかま

イソヒヨドリ
Monticola solitarius

5.1cm

ツグミ科。23cm。
留鳥。海岸。
磯の岩場など足跡のつきにくいところにとまるが、足がぬれていればコンクリート上に足跡を残す。

ヒメイソヒヨ
Monticola gularis
ツグミ科。19cm。
迷鳥。

4.1cm

チメドリのなかま

代表的なチメドリ科の外来鳥2種の足型。

ソウシチョウ
Leiothrix lutea

4cm

チメドリ科。15cm。
留鳥。森林。
地面でも餌を捕るが、足跡がつくことは少ない。

ガビチョウ
Garrulax canorus

5.1cm

チメドリ科。25cm。
留鳥。低地から低山の森林。
茂みから離れず、ほとんど足跡はつかない。

ウグイスのなかま

枝や茎にとまる足で、第1趾も発達し、4本の趾でしっかりと握りつかむ。地面に足跡をつけることはほとんどない。

ウグイス
Cettia diphone

3.4cm

ウグイス科。15cm。
漂鳥・留鳥。
茂みのある林や草原。

ヤブサメ
Urosphena squameiceps

3.1cm

ウグイス科。11cm。
夏鳥・山地の森林。
林床を歩くことも多く、体の割に足型は大きい。

エゾムシクイ
Phylloscopus borealoides

2.5cm

ウグイス科。12cm。
夏鳥。山地の森林。

メボソムシクイ
Phylloscopus borealis

ウグイス科。13cm。
夏鳥。高い山地の林。
歩くよりは飛んで移動するが、いざ歩くときはホッピングである。

メボソムシクイの
足跡（ホッピング）

ウグイスのなかま

セッカ
Cisticola juncidis

ウグイス科。
12cm。
漂鳥・留鳥。
草原。
体の割に足型は大きい。

3.3cm

オオヨシキリ
Acrocephalus arundinaceus

ウグイス科。
19cm。冬鳥・留鳥（本州の高地や北日本）。
アシ原。

3.9cm

コヨシキリ
Acrocephalus bistrigiceps

ウグイス科。
14cm。
夏鳥。草原。
草の茎を横につかむため、このなかまは第1趾が長い。

3.2cm

4.4cm

3.9cm

4.5cm

シマセンニュウ
Locustella ochotensis

ウグイス科。16cm。
夏鳥（北海道）。
草原・湿地・牧草地。

ウチヤマセンニュウ
Locustella pleskei

ウグイス科。17cm。
夏鳥（伊豆諸島）。
草原・湿地・牧草地。

エゾセンニュウ
Locustella fasciolata

ウグイス科。18cm。
夏鳥（北海道）。
原野・低木林。

センダイムシクイ
Phylloscopus coronatus

ウグイス科。
13cm。夏鳥。
平地から山地の森林。

2.3cm

2.4cm

イイジマムシクイ
Phylloscopus ijimae

ウグイス科。12cm。
夏鳥（伊豆諸島・トカラ列島）。林。

メジロなど小さい鳥

枝をつかむ足で第1趾も発達し、4本の趾でしっかりと握る。枝に逆さまにとまることもできる。

メジロ
Zosterops japonicus

2.8cm

メジロ科。12cm。
留鳥・漂鳥。
平地から山地の林・公園・住宅地。

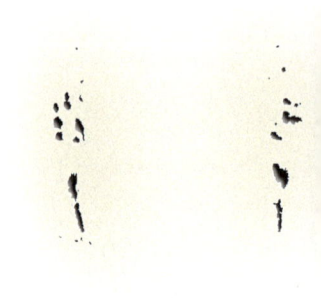

メジロは地上で採食することもあるが、足跡はつかない。移動するときはホッピング。

メグロ
Apalopteron familiare

3.4cm

ミツスイ科。14cm。
留鳥（小笠原諸島母島）。
森林。
足型はメジロより大きい。

キクイタダキ
Regulus regulus

2.6cm

ウグイス科。10cm。
留鳥・漂鳥。
山地の針葉樹林。
体重が5gほどしかなく、地面に降りても足跡はつかない。

メジロの足跡
（ホッピング）

ヒヨドリなどのなかま

枝をつかむ足で第1趾が太い。歩くより飛んで移動するので、地面に足跡を残すことあまりはない。

ヒヨドリ
Hypsipetes amaurotis

ヒヨドリ科。28cm。
留鳥・漂鳥。
平地から山地の林・
市街地・公園・庭。

3.9cm

シロガシラ
Pycnonotus sinensis

ヒヨドリ科。19cm。
留鳥（南西諸島南部）。
明るい林。

3.9cm

サンショウクイ
Pericrocotus divaricatus

サンショウクイ科。
20cm。夏鳥。
平地から山地の林。

2.9cm

キレンジャク
Bombycilla garrulus

レンジャク科。20cm。冬鳥。
平地から山地の林。
地面に降りて、リュウノヒゲの
実などを食べることもある。

4cm

ヒレンジャク
Bombycilla japonica

レンジャク科。
18cm。冬鳥。
平地から山地の林。

3.8cm

カラのなかま

第4趾は長く、後ろ側の第1趾が太く発達し、枝につかまり、握るのに適し、逆さまにとまることもできる。

シジュウカラの足跡（スキッピング）

シジュウカラ
Parus minor

シジュウカラ科。15cm。留鳥。林・公園・市街地・住宅地。ヒマワリの種などを両足に挟み、嘴でつついて殻をむいて食べる。

3.4cm

無理に歩かせたので、足跡は斜めに跳ねるスキッピングになった。

ヤマガラ
Parus varius

シジュウカラ科。14cm。留鳥。低地から山地の林。

3.9cm

ヒガラ
Parus ater

2.7cm

シジュウカラ科。11cm。留鳥。山地の林（針葉樹林に多い）。

コガラ
Parus montanus

シジュウカラ科。13cm。留鳥。山地の林（広葉樹林に多い）。

3cm

ハシブトガラ
Parus palustris

2.9cm

シジュウカラ科。13cm。留鳥（北海道）。低地の林・公園・海岸林。

※指を足でつかまれた北海道のバンダーは、コガラよりハシブトガラのほうが痛かったそうで、握る力は強いらしい。

※コガラはヤマガラのように人の手から餌を取ることがあるが、ハシブトガラは手には乗らないようだ。

エナガ
Aegithalos caudatus

エナガ科。14cm。留鳥。
低地から山地の林。
よく枝に逆さまや垂直にとまり、採食する。

2.7cm

ツリスガラ
Remiz pendulinus

エナガ科。11cm。
冬鳥。低地のアシ原。
垂直なアシの茎をしっかりと握ってとまる。

2.8cm

カラのなかま

キバシリ
Certhia familiaris

キバシリ科。14cm。留鳥。
低地（北海道）から山地の林。
趾も爪も長く、樹木の幹を垂直に上り、横枝では水平にも移動できる。

3.7cm

ゴジュウカラの足跡。
地面に降りることもあり、やわらかい雪上に足跡をつける。

ゴジュウカラ
Sitta europaea

ゴジュウカラ科。
14cm。留鳥。
低地（北海道）から山地の林。
趾も爪も長く、樹木の幹を逆さまになって上り下りすることができる。

4.2cm

ホオジロのなかま

歩き、枝にとまる足。地上に降りて歩いて餌を探し、採食する。

ホオアカ
Emberiza fucata

3.8cm

ホオジロ科。16cm。
漂鳥・留鳥。草原・
川原・水田のあぜ。

ホオジロ
Emberiza cioides

3.5cm

ホオジロ科。17cm。
留鳥。明るい林・林縁・農地。
やわらかい畑やぬかるみに足跡が
つく。ホッピングとウォーキング、
どちらでも移動できる。

カシラダカ
Emberiza rustica

3.8cm

ホオジロ科。15cm。
冬鳥。林・農地・川原。

ミヤマホオジロ
Emberiza elegans

3.4cm

ホオジロ科。16cm。
冬鳥。林・林縁。
うっすらと積もった新
雪に足跡を見つけるこ
とができる。

シロハラホオジロ
Emberiza tristrami

3.6cm

ホオジロ科。15cm。
旅鳥。林・林縁。

右

ホオジロの足跡
(ウォーキング)

左

ホオジロのなかま

アオジ
Emberiza spodocephala
ホオジロ科。
16cm。漂鳥。
林・川原や公園
の茂み。

3.6cm

シマノジコ
Emberiza rutila
ホオジロ科。
13.5cm。旅鳥。
林・林縁。

3cm

クロジ
Emberiza variabilis
ホオジロ科。
17cm。漂鳥。
山地の林。

3.8cm

ノジコ
Emberiza sulphurata
ホオジロ科。
14cm。夏鳥。
山地の林。

3.3cm

4.1cm

ユキホオジロ
Plectrophenax nivalis
ホオジロ科。16cm。
冬鳥。海岸・湖畔。

3.8cm

オオジュリン
Emberiza schoeniclus
ホオジロ科。16cm。
留鳥・漂鳥。
湿原や川原のアシ原。
垂直なアシの茎を横
につかんでとまる。

足跡

右

左

アトリのなかま

枝にとまり、地面を歩く足。樹上でも地面でも採食し、ホオジロ類に比べ、第1趾が少し短く太い。

アトリ
Fringilla montifringilla

アトリ科。16cm。冬鳥。林・農地・川原。樹上で木の実を採食し、地上でも歩きながら採食する。

3.3cm

マヒワ
Carduelis spinus

アトリ科。12cm。
冬鳥。林。
樹上で枝をつかんで採食することが多い。

マヒワの足跡

2.7cm

オガサワラカワラヒワ
Carduelis sinica kittlitzi

アトリ科。15cm。留鳥。林・農地。

3.3cm

コカワラヒワ
Carduelis sinica minor

アトリ科。15cm。留鳥。林・川原・農地・公園・市街地。

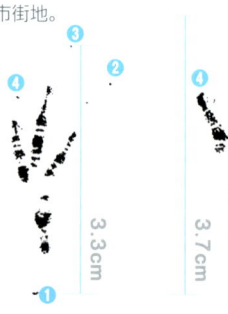

3.3cm

オオカワラヒワ
Carduelis sinica kawarabiba

アトリ科。16cm。冬鳥。川原の林。

3.7cm

※亜種の比較：コカワラヒワとオオカワラヒワの識別は、野外観察では難しい。計測すれば差に気づくが、足型でも大きさの違いがはっきりわかる。

イスカ
Loxia curvirostra

アトリ科。17cm。
冬鳥。林(松林に多い)。

イカル
Eophona personata

アトリ科。23cm。
留鳥・漂鳥。林・公園。
アトリ科最大で、後ろ側の
第1趾が太いのがわかる。

アトリのなかま

シメ
Coccothraustes coccothraustes

アトリ科。18cm。
冬鳥・漂鳥。
林・農地・公園。

コイカル
Eophona migratoria

アトリ科。18.5cm。
冬鳥。林・村落。

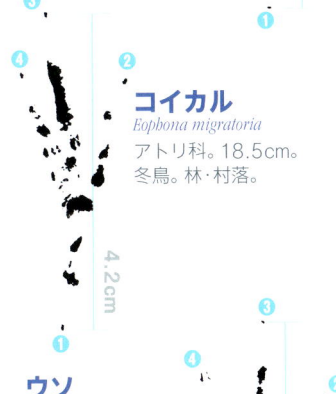

ウソ
Pyrrhula pyrrhula

アトリ科。16cm。
留鳥・漂鳥。
林・公園。

足型は亜種ノカ
ウソのもの。

ベニマシコ
Uragus sibiricus

アトリ科。15cm。漂鳥・留鳥。
低木林・川原や草原の茂み。
茂みでの採食が多く、
あまり地面には降りない。

足跡

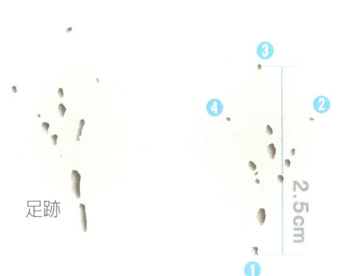

ハギマシコ
Leucosticte arctoa

アトリ科。16cm。
冬鳥。海岸や山地の崖・
農地。よく地面に降り
て採食し、やわらかい
雪上に足跡が残る。

133

スズメとムクドリ

歩き、枝だけでなく平らな場所にもとまる足。

スズメは雪上や、やわらかい土の上にホッピングで足跡をつける。また、乾いたコンクリートの上にもぬれた足跡を残すことがある。

スズメ
Passer montanus

スズメ科。14cm。留鳥。農地・川原・村・町・都会。草の茎にとまって種を食べ、地面でも盛んに採食する。

3.2cm

ニュウナイスズメ
Passer rutilans

スズメ科。14cm。夏鳥・漂鳥。林・農地・川原。冬にスズメと混群になるものもいて、地面でも採食する。

3.4cm

ムクドリ
Sturnus cineraceus

ムクドリ科。24cm。留鳥・漂鳥。川原・農地・住宅地・公園。ウォーキングで歩き、地面でもよく採食する。

5.5cm

コムクドリ
Sturnus philippensis

ムクドリ科。19cm。夏鳥。低地（北日本）から山地・林。

4.7cm

稀な訪問者

オウチュウとモリツバメは空中採食、コウライウグイスは樹上採食で、3種ともほとんど地面には降りない。

オウチュウ
Dicrurus macrocercus

オウチュウ科。28cm。旅鳥。まばらに樹木がある草原・農地。

4cm

モリツバメ
Artamus leucorhynchus

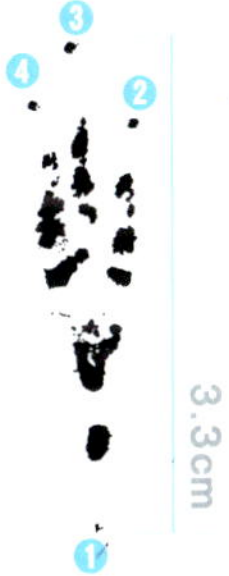

モリツバメ科。17.5cm。迷鳥(西表島)。林・林縁。

3.3cm

カラムクドリ
Sturnus sinensis

ムクドリ科。19cm。冬鳥・旅鳥。農地・林縁。

4.2cm

コウライウグイス
Oriolus chinensis

コウライウグイス科。26cm。旅鳥。林。

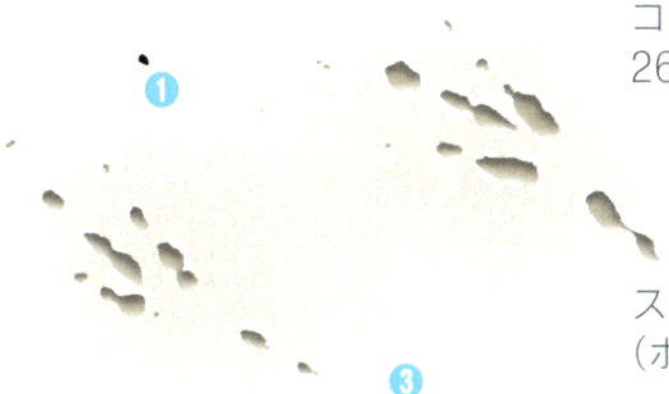

4.6cm

スズメの足跡
(ホッピング)

ギンムクドリ
Sturnus sericeus

ムクドリ科。24cm。冬鳥・旅鳥。農地・公園。

5.2cm

ホシムクドリ
Sturnus vulgaris

ムクドリ科。21cm。冬鳥・旅鳥。農地・公園。

5.1cm

135

オナガとカケス

つかみ、歩く足。地上ではホッピングでもウォーキングでも移動できる。

オナガ
Cyanopica cyana

カラス科。37cm。留鳥。
低地から山地・雑木林・公園・市街地。
昆虫などを見つけると、地面に降りて採食することもある。

4.9cm

ウォーキングもできる。

カササギ
Pica pica

カラス科。45cm。
留鳥（九州北西部）。
村落・農地。

5.9cm

オナガの足跡
（ホッピング）

ルリカケス
Garrulus lidthi

カラス科。
38cm。
留鳥(鹿児島県奄美大島)。
林・林縁・村落。

6.5cm

カケス
Garrulus glandarius

カラス科。33cm。
留鳥・漂鳥。
低地から山地・林。
水場周辺のぬかるみや雪上に足跡が残る。

6cm

オナガとカケス

カケスの足跡
(ホッピング)

カラスのなかま

カラスのなかま

つかみ、握り、歩き、押さえる足。つかむ力が強く、第1趾が発達している。

ハシブトガラス
Corvus macrorhynchos

カラス科。
57cm。留鳥。
都会〜高山。

10.2cm

喧嘩をするときは趾も使う。

8.4cm

ミヤマガラス
Corvus frugilegus

カラス科。47cm。
冬鳥。農地。

コクマルガラス
Corvus dauuricus

カラス科。33cm。
冬鳥。農地。

6.3cm

カラスのなかま

ハシボソガラス
Corvus corone

カラス科。50cm。
留鳥。
農地・川原・海岸。
木の実を足で押さえて食べる。

9.2cm

※カラスのなかまの足型は体の大きさに比例し、コクマルガラスが一番小さく、ワタリガラスが最も大きい。

ワタリガラス
Corvus corax

カラス科。
61cm。冬鳥。
海岸・林。

雪上に残された
カラスの足跡。

11.6cm

139

カラスのなかま

公園の足跡くらべ

雨あがりの公園。乾いたアスファルトの上にはいろいろな鳥の足跡（50%で掲載）が続いている。誰の足跡かな？

※カラスはウォーキングとホッピングだけでなく、斜めに飛び跳ねるスキッピングもする。

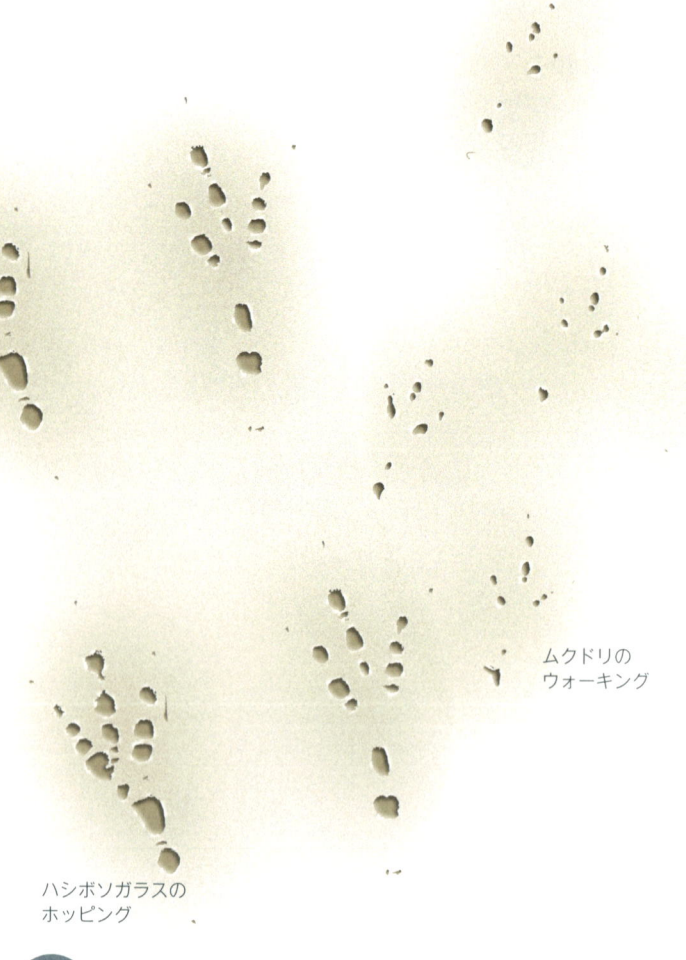

ムクドリのウォーキング

ハシボソガラスのホッピング

カラスのなかま

斜めにスキッピング
するのはハシブトガラス

キジバトの
ウォーキング

スズメの
ホッピング

種名索引

ア
アオゲラ	108
アオサギ	34
アオジ	131
アオツラカツオドリ	24
アオバズク	106
アオバト	101
アカアシカツオドリ	25
アカアシシギ	88
アカエリカイツブリ	17
アカエリヒレアシシギ	93
アカオネッタイチョウ	25
アカゲラ	109
アカコッコ	122
アカショウビン	110
アカハラ	122
アカハラダカ	59
アカヒゲ	119
アカモズ	116
アジサシ	95
アトリ	132
アビ	15
アヒル	53
アマサギ	33
アマツバメ	111
アマミヤマシギ	89
アリスイ	109
イイジマムシクイ	125
イカル	133
イカルチドリ	85
イスカ	133
イソシギ	90
イソヒヨドリ	123
イヌワシ	60
イワツバメ	113
イワヒバリ	73
ウグイス	124
ウコッケイ (烏骨鶏)	69
ウズラ	71
ウソ	133
ウチヤマセンニュウ	125
ウミアイサ	57
ウミウ	21
ウミガラス	96
ウミスズメ	97
ウミネコ	94
エゾセンニュウ	125
エゾムシクイ	124
エゾライチョウ	73
エトピリカ	96
エトロフウミスズメ	97
エナガ	129
エリマキシギ	88
オウチュウ	135
オオアカゲラ	109
オオカラモズ	116
オオカワラヒワ	132
オオグンカンドリ	23
オオコノハズク	107
オオジシギ	91
オオジュリン	131
オオセグロカモメ	94
オオソリハシシギ	87
オオタカ	64
オオトウゾクカモメ	97
オオハクチョウ	38
オオバン	78
オオミズナギドリ	19
オオモズ	116
オオヨシキリ	125
オオルリ	118
オオワシ	58
オガサワラカワラヒワ	132
オカヨシガモ	47
オグロシギ	87
オシドリ	50
オナガ	136
オナガガモ	54
オバシギ	89

カ
カイツブリ	16
カケス	137
カササギ	136
カシラダカ	130
ガチョウ	43
カッコウ	102
カナダガン	45
ガビチョウ	123
カモメ	95
カヤクグリ	73
カラアカハラ	122
カラスバト	101
カラムクドリ	135
カリガネ	41
カルガモ	48
カワアイサ	57
カワウ	20
カワガラス	117
カワセミ	110
カンムリカイツブリ	17
カンムリカッコウ	103
カンムリワシ	63
キアシシギ	88
キクイタダキ	126

キジ	68	
キジバト	100	
キセキレイ	114	
キバシリ	129	
キビタキ	118	
キレンジャク	127	
キンクロハジロ	54	
キンザンマシコ	73	
キンバト	101	
キンムクドリ	135	
キンメフクロウ	104	
クイナ	81	
クマゲラ	108	
クマタカ	62	
クロコシジロウミツバメ	19	
クロサギ	37	
クロジ	131	
クロツグミ	121	
クロツラヘラサギ	29	
ケイマフリ	97	
ケリ	82	
コアジサシ	95	
コアホウドリ	18	
コイカル	133	
コイサギ	35	
コウノトリ	27	
コウライウグイス	135	
コガモ	39	
コガラ	128	
コカワラヒワ	132	
コクガン	44	
コクマルガラス	138	
コゲラ	109	
コサギ	31	
コサメビタキ	118	
コシアカツバメ	113	
コシャクシギ	86	
コジュウカラ	129	
コジュケイ	71	
コチドリ	04	
コノハズク	107	
コマドリ	119	
コミミズク	107	
コムクドリ	134	
コヨシキリ	125	
コルリ	119	
サ サカツラガン	42	
サケイ	99	
ササゴイ	35	
サシバ	62	
サンカノゴイ	36	
サンコウチョウ	118	
サンショウクイ	127	
シジュウカラ	128	
シジュウカラガン	44
シマアジ	47
シマクイナ	81
シマセンニュウ	125
シマノジコ	131
シマフクロウ	104
シメ	133
シャモ（軍鶏）	69
ジュウイチ	102
ショウドウツバメ	113
ジョウビタキ	119
シラコバト	101
シロエリオオハム	14
シロガシラ	127
シロチドリ	84
シロハラ	122
シロハラクイナ	80
シロハラホオジロ	130
シロハラミズナギドリ	19
シロフクロウ	105
ズアカアオバト	101
スズガモ	55
スズメ	134
セイタカシギ	92
セグロアジサシ	95
セグロセキレイ	115
セッカ	125
センダイムシクイ	125
ソウシチョウ	123
ソリハシシギ	87
ソリハシセイタカシギ	93
タ ダイサギ	30
ダイシャクシギ	86
ダイゼン	83
タカサゴモズ	116
タカブシギ	90
タゲリ	82
タシギ	91
タヒバリ	114
タマシギ	99
タンチョウ	74
チゴハヤブサ	67
チゴモズ	116
チャボ（矮鶏）	68
チュウサギ	32
チュウジシギ	91
チュウシャクシギ	86
チュウヒ	65
チョウゲンボウ	67
ツクシガモ	50
ツグミ	120
ツツドリ	102
ツバメ	113
ツバメチドリ	93

143

	ツミ	64		ホトトギス	102
	ツメナガセキレイ	115	**マ**	マガモ	52
	ツリスガラ	129		マガン	41
	トウネン	87		マナヅル	76
	トキ	28		マヒワ	132
	ドバト	100		マミジロ	121
	トビ	59		マミチャジナイ	122
	トモエガモ	46		ミコアイサ	56
	トラツグミ	121		ミサゴ	66
	トラフズク	106		ミゾゴイ	37
ナ	ナベコウ	26		ミソサザイ	117
	ナベヅル	77		ミツユビカモメ	95
	ニュウナイスズメ	134		ミナミメンフクロウ	105
	ノガン	99		ミフウズラ	71
	ノグチゲラ	108		ミミカイツブリ	16
	ノゴマ	119		ミヤコドリ	92
	ノジコ	131		ミヤマガラス	138
	ノスリ	65		ミヤマホオジロ	130
ハ	ハイタカ	64		ミユビゲラ	109
	ハギマシコ	133		ミユビシギ	92
	ハクセキレイ	115		ムギマキ	118
	ハシビロガモ	46		ムクドリ	134
	ハシブトガラ	128		ムナグロ	83
	ハシブトガラス	138		メグロ	126
	ハシボソガラス	139		メジロ	126
	ハジロカイツブリ	16		メダイチドリ	84
	ハジロコチドリ	85		メボソムシクイ	124
	ハチクマ	63		モズ	116
	ハマシギ	88		モモイロペリカン	22
	ハマヒバリ	112		モリツバメ	135
	ハヤブサ	67	**ヤ**	ヤイロチョウ	112
	ハリオシギ	91		ヤツガシラ	110
	バリケン	51		ヤブサメ	124
	バン	79		ヤマガラ	128
	ヒガラ	128		ヤマゲラ	108
	ヒクイナ	81		ヤマシギ	89
	ヒシクイ	40		ヤマセミ	110
	ヒドリガモ	46		ヤマドリ	70
	ヒバリ	112		ヤンバルクイナ	80
	ヒメアマツバメ	111		ユキホオジロ	131
	ヒメイソヒヨ	123		ユリカモメ	94
	ヒヨドリ	127		ヨシガモ	47
	ヒレンジャク	127		ヨシゴイ	36
	ビンズイ	114		ヨタカ	111
	フクロウ	106	**ラ**	ライチョウ	72
	ブッポウソウ	111		リュウキュウガモ	51
	ベニマシコ	133		リュウキュウコノハズク	107
	ホウロクシギ	87		リュウキュウツバメ	113
	ホオアカ	130		ルリカケス	137
	ホオジロ	130		ルリビタキ	119
	ホオジロガモ	56		レンカク	90
	ホシガラス	73	**ワ**	ワカケホンセイインコ	103
	ホシハジロ	55		ワシミミズク	103
	ホシムクドリ	135		ワタリガラス	139